BBC
科学前沿

THE ULTIMATE GUIDE
TO ANCIENT LIFE ON EARTH
Daniel Bennett

生命简史

从分子到人类

[英]丹尼尔·贝内特 ——编著

祝锦杰 ——译　苗德岁——审订

重庆大学出版社

图书在版编目（CIP）数据

生命简史：从分子到人类 / (英) 丹尼尔·贝内特
(Daniel Bennett) 编著；祝锦杰译. -- 重庆：重庆大
学出版社, 2025. 3. -- (科学前沿). -- ISBN 978-
7-5689-4946-0

Ⅰ. Q1-0

中国国家版本馆CIP数据核字第20241VS367号

生命简史：从分子到人类

SHENGMING JIANSHI: CONG FENZI DAO RENLEI

[英]丹尼尔·贝内特　编著

祝锦杰　译

责任编辑　王思楠

责任校对　谢　芳

责任印制　张　策

装帧设计　武思七

重庆大学出版社出版发行

出版人　陈晓阳

社址　（401331）重庆市沙坪坝区大学城西路 21 号

网址　http://www.cqup.com.cn

印刷　北京利丰雅高长城印刷有限公司

开本：787mm×1092mm　1/16　印张：13.25　字数：276千

2025年3月第1版　2025年3月第1次印刷

ISBN 978-7-5689-4946-0　定价：78.00元

前言

大约在20万年前，地球上生活着许多人族[1]物种，我们智人（*Homo sapiens*）的祖先只是其中平平无奇的一支而已。时过境迁，沧海桑田，如今的人族大家庭里的人属成员只剩下了我们。为什么是我们幸存了下来，而其他的近亲都灭绝了？这是一个很长又很复杂的故事，牵涉甚广，登场的角色众多，三言两语恐怕说不明白。我们只知道眼下的事实是，智人最终占据了进化的上风——不过并非百分之百的胜利，因为除了非洲裔之外，所有现代人都带有大约百分之二的尼安德特人基因。也就是说，如今绝大部分的现代人都是智人祖先与这种体格相对更粗短壮实的近亲物种联姻的后代。

译者注：
1. 人亚科的分支之一，主要包括现代智人以及所有与智人亲缘关系相近的，且已经灭绝的远古人类。

上图：
普瑞斯加加鱼（*Priscacara*）是一种生活在始新世的鲈鱼，如今已经灭绝。

至于为什么是我们而不是尼安德特人活到了今天，则一直众说纷纭。有些学者认为原因是智人的智力更高，所以依靠聪明才智"战胜"了尼安德特人——提到智力，最值得一提的就是我们的"社会之脑"，它的确是我们的制胜法宝。一个人类族群的人口可以达到150到200人，而一个黑猩猩族群的极限容量却只有50只左右。这里所谓的"极限容量"是指，如果把这个数字翻一倍，那么族群内的社会矛盾将激化到不可调和的地步，最终会导致其分裂。尼安德特人的社会规模更接近黑猩猩的水平：化石证据显示，他们的族群通常不会超过30人。社会规模的意义在于，族群成员越多，解决问题的头脑就越多，就越能群策群力；而好的点子也可以传播得更广。成员之间可以交流新技术，互通有无。

人类的进化历程并不像笔直的树干，它更类似于繁枝茂叶，纠缠交错。物种的进化从来都不是"华山一条路"，不管是人类的祖先还是其他的远古物种，都概莫能外。

在这本书里，你将看到地球生命在过去亿万年间走过的复杂历程。我们的故事将从生命的诞生开始，科学家为生物的起源和进化提出过许多不同的理论。通过对这些理论的探讨，你会看到地球上最初的生命体首先进化出了柔软的躯体，后来又给柔软的身体穿上了坚硬的外壳，并最终成为拥有脊柱和四足行走的陆地霸主。你还将跟随本书穿越到恐龙生活的中生代，详细了解曾经的地球霸主们是如何迎来自己的末日，而早期的哺乳动物又是如何坐上了这个空缺的宝座。最后，你会看到哺乳动物的进化以及地质力量对人类进化带来的影响。

接下来，让我们开始这趟探索地球上古老生命的时空之旅吧！

—— 丹尼尔·贝内特

目录
CONTENTS

1

地球生命 ↓ 简史

我们所在的星系被称为"太阳系"。太阳系大约形成于46亿年前，它的前身是一团圆盘状的、不断旋转的宇宙尘埃。在太阳系诞生后的大约5000万年，年轻的地球与另一颗行星（忒伊亚）相撞。两颗星体的大碰撞产生了巨量的行星碎片，其中的一些碎片经历相互碰撞和融合，形成了今天的月球。月球的引力起到了稳定地球自转的作用，而均匀平稳的自转让地球上的气候逐渐变得温和。

在距今约44亿年前，地球上的大陆和大洋开始形成。曾经披在早期地球表层的原始地壳如今大都已不复存在，唯有在西澳大利亚，我们还能找到一点与远古地壳相关的蛛丝马迹。所谓的"蛛丝马迹"其实并不是远古地壳的碎片，而是一种名为"锆石"（zircon）的矿物。科学家在澳大利亚发现过一些有44亿年历史的锆石晶体。通过对这些锆石晶体的化学分析，科学家认为当时的地球上就已经有了海洋——这对生命的起源而言至关重要。

到了大约40亿年前，地球表面的温度持续下降。科学家认为，此时地幔开始出现规律性的移动，而"浮"在地幔上的地壳则像一幅漂在水上的拼图，也一起跟着移动——这种理论被称为"板块构造学说"。动态的地表有利于稳定地球的温度和促进化学元素的全球循环，不仅如此，科学家相信板块移动对塑造宜居的环境也至关重要。

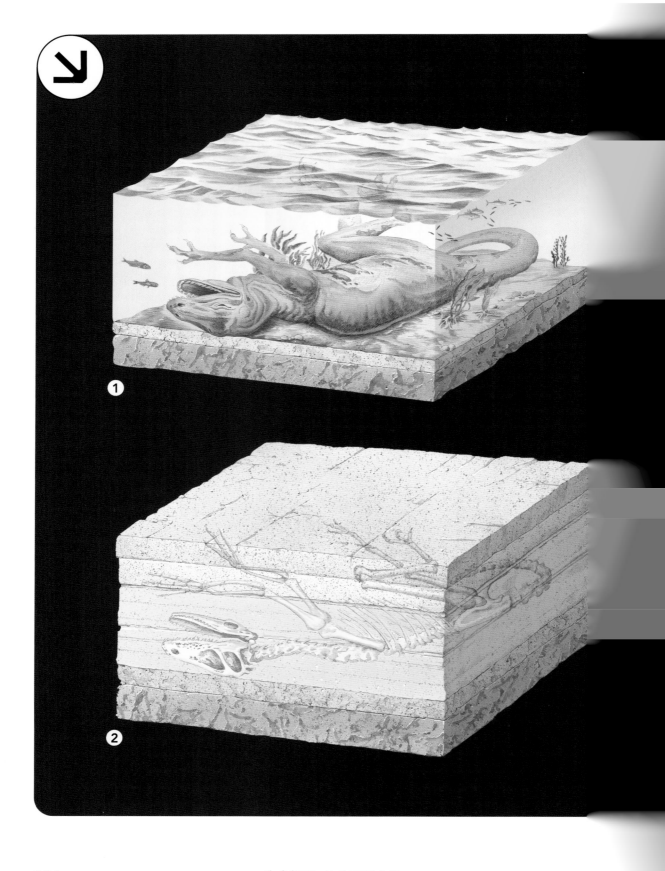

生命简史：从分子到人类

化石是如何形成和出露的

① 生物体死亡

缺氧和无菌的环境最有利于化石的形成，自然界能提供这种条件的典型环境有死水湖和寒冷的海洋等。这种环境不仅有利于尸体的保存，还可以加速与化石形成相关的化学反应，促进坚硬的矿物质循序渐进地取代生物遗体上的柔软组织。

② 迅速掩埋

沉积物的掩埋能够阻止其他动物对尸体的啃食，也能避免遗骸被洋流冲走或冲散。浅海地区是相对理想的地点，因为死去的浮游生物以及来自内陆河川的泥沙沉积物会源源不断而又相对轻柔地进入此处。经过数百万年的时间，沉积物逐渐变成了包裹住生物遗体的坚硬岩石，化石由此形成。

③ 侵蚀

地球的板块运动偶尔会把原本位于岩层下方的化石抬出海平面。一旦暴露于地表，化石表面的岩石就会遭到风化作用的侵蚀，化石就有可能重见天日。

2

生命的⊘起源

如今的地球上生活着数以百万计的物种。可是，最初的生命是从哪里来的呢？

生命的起源——发生在距今多久的时候？

在大约40亿年前，地球还没有彻底冷却凝固，仍有部分是滚烫的岩浆，而陨石的狂轰滥炸也犹如家常便饭。在那样恶劣的情况下，一种类似生命的物质体系初现端倪：出于我们还未知的原因，化学物质开始展现出类似生命的属性——从周遭地狱般的环境中摄取物质和能量，用于自我复制和增殖。为什么突然之间（这当然是相对于地球漫长的历史而言），物质从"没有生命"变得"有生命"了呢？研究生命起源的科学家们仍在努力寻找这个问题的答案。

生命的基本形式一旦在地球上出现，就再也没有走过回头路。拥有类生命属性的物质体系随后继续进化，直到出现真正意义上的原始生命体。今天，我们将地球上最原始的单细胞生命体人为地区分为真细菌（bacteria）和古细菌（archaea）两大类，其中每个类别都包含了种类繁多的微生物。科学家们认为，在真细菌和古细菌出现的几十亿年后，这两类单细胞生物之间的融合产生了结构更复杂的多细胞生物。地球上古往今来所有的植物、真菌和动物都是多细胞生物，当然我们人类也是。

生命究竟是怎么产生的？

可惜，对于地球上的生命是如何产生的这个问题，直到今天也没有公认的答案或是让人信服的理论模型。不过大多数理论都是基于一个观点：生命来自非生命，生命的诞生以化学物质开始出现生命的属性为标志。那生命的属性又是什么？它指

深海热泉

说不定图中这根多孔岩石就是孕育我们的古老故乡呢！有的科学家认为，这些位于大洋深处的碱性热泉极有可能是新陈代谢反应的理想摇篮，而新陈代谢是生命体的标志性化学反应。碱性的矿物质成分与海水相互作用，反应的产物在岩石的毛细孔洞里积聚，形成高浓度的基质溶液。就功能而言，岩石的毛细孔洞充当了活细胞里某些细胞器的角色，比如产生能量的线粒体。

的是我们能在现代细胞中观察到的特性，比如自我复制的能力，又或者能够合成自身所需的生物成分的能力。生命的发迹很可能发生在地球形成后的早期阶段。

一旦化学物质具备了上述的"生命属性"，那么所谓的"化学进化"就自动地运转了起来。化学物质在自我复制的过程中，有时会因为复制错误而产生与本体不同的变体，有的变体比本体更高效，有的则没有本体高效，还有的能够协助本体和变体之间的合作。效率相对较高的变体能够更快地增殖，产生更多的复制体；而效率相对较低的变体则因为争抢不过资源而败下阵来。

经过十亿乃至百亿代的竞争，变体的结构变得越来越复杂，直至包膜的出现——它将原本在开放环境中自由进行的类生命化学反应通通包裹在同一个空间内。这种薄膜结构的最大意义是把化学反应与周围的环境分隔开，减少环境的干扰，同时提高反应的效率。在某种程度上，它们可以算是最原始的微生物细胞，甚至所有生命的起点。

并非所有解释生命起源的理论都以化学进化为基础，那些另辟蹊径的理论往往更容易让人浮想联翩。比如有人提出地球上的生命可能来自地外，陨石携带外星微生物落到了原始的地球上，地外生命就此生根发芽，造就了今天生机勃勃的地球。

地球生命最古老的证据是什么？

加拿大岩层里曾发现微生物存活过的迹象，那些岩层距今约39.5亿年。不过，目前已知的、最古老的细胞化石只能追溯到30亿到34亿年前。这些最古老的细胞长什么样？它们的外形与一类在今天很常见的微生物——蓝细菌（cyanobacteria，以前也被称为蓝藻）——非常相似。早期的细胞生物很可能是嗜热性（thermophile）的自养生物

（autotroph）。顾名思义，"嗜热"代表它们能生活在温度较高的地方；"自养"意味着它们能够利用简单的无机物合成自身需要的复杂有机分子。可想而知，这些古老细胞肯定不是从石头里蹦出来的，而应该也是从某种更古老的生物体进化而来。

除了生物化石之外，远古生命存在的另一个证据是叠层石（stromatolite）。这是一种结构特殊的岩石。远古海洋中的浮游生物死亡后沉到水底，颗粒物逐层铺叠，日积月累，最后形成叠层石。科学家认为，现今某些地区的叠层石可以追溯到35亿年前，比如澳大利亚西部。我们对叠层石的了解还不多，对于构成它们的远古海洋微生物更是知之甚少。

与地球生物体出现相关的最古老证据是科学家在矿物中发现的一种碳元素的同位素，他们认为只有活的生物体才能产生这种同位素。科学家曾在澳大利亚西部的锆石中发现了石墨的晶体斑点，他们推测这些石墨的形成时间约为41亿年前，它们几乎与地球上目前已知的、最古老的岩石一样悠久。这意味着生物出现的时间很可能比我们预计的要早得多，生命的种子甚至可能在地球形成后不久就萌芽了。

那么，这些最初的生命形式后来怎么样了呢？其实线索到这里就断了。有关生命起源的各种理论众说纷纭，同样地，有关无机物的化学进化究竟如何过渡到早期生命的问题也一直莫衷一是。

为什么还有这么多问题没有答案？

之所以有那么多未解之谜，原因除了第一手证据十分有限，还有就生命起源这个问题本身而言，它的核心其实是一个"先有鸡还是先有蛋"的悖论：生物体往往需要很多种不同的生物大分子合作才能合成某一种生物大分子，那么在地球上还

生命简史：从分子到人类

没有生命的时候，第一个生物大分子又是从哪里来的呢？

以DNA（脱氧核糖核酸）为例，它几乎不可能是无机物化学反应的偶然产物——因为合成DNA这样的生物大分子需要多种酶的协同合作；但是反过来，合成DNA所需的酶又要依靠DNA分子所携带的遗传信息。

除了这个核心悖论，在探讨生命起源这个命题前还需要解答其他一些基本问题——比如，如果退一步讲，就算上述的复杂生物大分子（酶和DNA分子）能够自发地从无机物的反应中产生，那又是什么原因或者出于什么目的，才使得它们开始相互协作并最终产生生命呢？还有，远古生命和现代生物体之间有许多的不同之处，现代生命体的细胞内都有专门而复杂的细胞器为合成生物大分子的化学反应供能，远古生命是如何在缺乏这类细胞器的情况下完成同样的合成反应的呢？

前页图：
叠层石是一种由远古微生物的遗体堆叠而成的岩石，有的可以追溯到35亿年前，比如图中这些位于澳大利亚的叠层石。

上图：
宇宙中的生物大分子，这是计算机模拟的效果图。

什么是"原始汤"？

目前常见的说法认为生命是物质反应的自发产物，它的诞生之所是"原始汤"（primordial soup）。所谓的原始汤，是指早期地球上富含各种化学物质的水溶液。原始地球的地表到处都坑坑洼洼，形成一个个水洼和池塘。查尔斯·达尔文（Charles Darwin）曾在一封写给朋友的信里猜测，生命应当是起源于"某种温暖的小水塘"。不过达尔文并没有说明"小水塘"的细节，生命自发从原始化学溶液里产生的理论是由后世的科学家们在 20 世纪 20 年代提出的，代表人物有约翰·伯顿·桑德森·霍尔丹（John Burton Sanderson Haldane）和亚历山大·奥巴林（Alexander Oparin），后者正是"原始汤"这个词的命名者。霍尔丹和奥巴林都曾提出，原始地球表面某些地方的水体会经历反复的蓄水与干涸，比如在浅海地带、潮池以及海底热泉，久而久之，各种各样的化学成分便在那里积聚浓缩。两个人都认为，周期性的干涸，加上来自熔岩、紫外线或者闪电的能量，这些都为复杂有机分子的出现创造了条件。如此反复，长此以往，直到有一天类似脂肪的分子出现，它们形成一层"油性的包膜"，把一小团原始汤连同重要的分子都裹了起来，形成了外形和功能都与细胞类似的化学反应体系。

尽管如此，在接下来的几十年里都没有出现能够佐证这个理论的证据。它与现实最大的隔阂在于，组成生命体的必要分子——蛋白质、脂质的生物膜和DNA——似乎都是生物体的专属成分，而且只能由活细胞里的细胞器合成。

突破出现在1952年，一个名叫斯坦利·米勒（Stanley Miller）的年轻科学家把水、甲烷、氢气和氨气同时充入一种实验设备里（详情参见第16页的"生命起源实验"），并且将其与上千伏特的电源相连。这个实验的目的是模拟生命起源之初的环境——到处电闪雷鸣、动荡不安的原始地球大气。

生命起源实验

科学家斯坦利·米勒曾把海水和多种气体放到同一个装置里，模拟海洋和大气。他还给装置通上电，模拟原始大气中的闪电风暴。实验最终得到了蛋白质的基本单位——氨基酸。

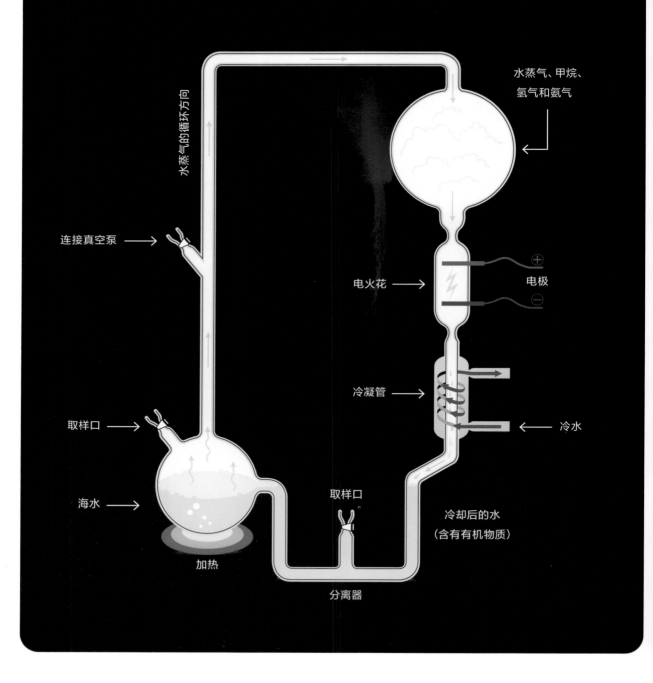

水蒸气、甲烷、氢气和氨气

水蒸气的循环方向

连接真空泵 →

电火花 →

电极

⊕

⊖

取样口 →

冷凝管 →

← 冷水

海水 →

取样口

冷却后的水
（含有有机物质）

加热

分离器

实验开始后几天，装置内的混合溶液开始变成棕色的浓稠样，对它的成分分析显示，组成蛋白质的基本单位——氨基酸——已经自发形成了。

米勒的实验暗示生命有可能起源于早期地球表面的简单分子，因而它成了支持无生源说的关键证据。在米勒的工作之后，现代科学的研究发现，组成生命体的所有22种氨基酸都可以通过相同的方式产生。除了氨基酸，科学家还以类似的方式得到了其他重要的生物分子，比如DNA分子的基本单位——核苷酸。

那么，生命真的是从原始汤里诞生的吗？难说！因为以米勒为代表的实验并没有能够解决所有的问题。事实上，哪怕人为配制一瓶含有各种现成有机分子（如氨基酸和核苷酸）的"生命之汤"，它也几乎不可能自发地产生各种构成生物体的复杂大分子（指蛋白质或者DNA）；就算能产生，也不是所有蛋白质和DNA分子都具备生物学功能，只有特定的种类才能在细胞内协同合作、维持生命体的顺利运作。可想而知，完全通过随机进化产生生命的概率非常之低。

生命还可能起源于哪里？

还有一种近年来日渐流行的理论，它认为生命起源于深海的热泉孔道：在生命起源之初，远古海洋是充满阳离子的酸性溶液；与之相对，深海热泉则不断地向外喷涌着携带阴离子的碱性物质。

深海热泉本是地壳上的裂痕，喷涌而出的碱性矿物在此与酸性的海水相遇并发生反应，导致岩层里充斥着无数的微小孔洞。这些孔洞似乎扮演了容器的角色，它们是各种化学反应发生的场所，也是反应产物积聚的仓库。

热泉中含铁和含硫的矿物成分可能起到了催化反应的作

用，这一点与现代细胞类似，许多含铁和含硫的蛋白质也在活细胞里扮演着催化剂的角色。如今，深海热泉的附近往往都有生机勃勃的微生物群落，是溶解在热泉里的各种化学物质滋养着它们。

深海热泉学说最引人入胜的地方并不在于它如何完美地解答了生命起源的问题。相比之下，它构想的一种同时发生于微型孔洞内与外的复杂化学反应体系才更让人耳目一新。反应速率的不同导致化学粒子在孔洞内外不均匀地分布，空间上分布不均匀的粒子倾向于从高浓度向低浓度移动，由此产生的化学势能梯度也就是所谓的"质子梯度"——建立和消耗质子梯度是所有生物体储存和消耗能量的关键环节。没有这个过程，生物体就无法合成复杂大分子。

深海热泉学说解释生命起源的最后一步同样是落在了脂质分子的产生上——疏水性的脂质分子可以在水中自发聚集并环绕成细胞样的封闭球体。这些脂质球囊把海水连同其中的溶质一起包裹在内，不同的溶质能发生不同的化学反应。如果其中一些球囊内的反应与脂质合成等有关，它们就具备了自我增殖的属性。深海热泉学说认为，这些能自我复制的脂质囊泡也就是细胞最古老的原型。

地球生命可能是天外来客吗？

虽然听起来很玄乎，但是地球生命起源于外太空的学说（panspermia，宇宙胚种学说）并不是完全异想天开。在彗星以及落到地球的陨石中，科学家已经发现了许多复杂程度惊人的有机分子，例如某些氨基酸和构成DNA的基础成分。

不过绝大多数的科学家认为，在地外天体上发现的这些成分充其量只是"给地球的生命之汤加了些佐料"。理由也很简单：如果蛋白质、DNA等大分子，甚至细胞本身是直接从地球外来的，那它们应该诞生于太空的某个地方。而时至今日，我们都没有发现过任何证据能证明地外生命的存在。

那么最早出现的生命分子是哪个？

在生命起源的研究领域里，"首先表现出生物学特性的分子是哪些，它们之间又是如何产生联系的"是至今没有定论的"圣杯问题"[1]。

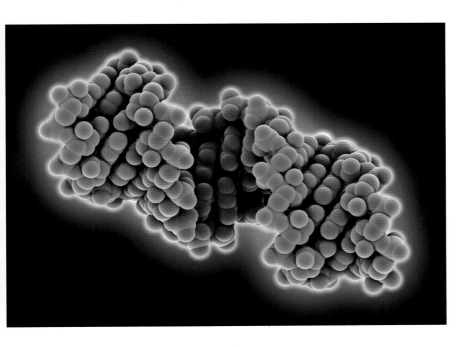

DNA分子负责携带生命运作的指令，所以人们曾理所当然地认为它在早期的生命形式里占有中心地位。可是，研究者们正越来越多地把注意力转向另一种分子：作为原始生命的铺路先锋，RNA显得非常有竞争力。

RNA的结构与DNA相似，它是活细胞内许多关键功能的执行者，包括储存遗传信息、转录和翻译遗传密码，甚至直接参与蛋白质分子的合成。有科学家认为，在DNA分子出现之前，地球上曾广泛存在过一类能够自我复制的RNA分子，它们不断增殖和进化，在结构和功能上都达到了相当复杂的程度。这种学说被称为"RNA世界学说"（RNA world）。

有的研究者会在实验中合成随机序列的RNA分子，在此过程中，他们发现有些序列的RNA分子能够形成复杂的形状。对于有机分子来说，特定的形状能赋予分子特定的功能，如某些RNA分子可以催化其他分子的合成反应。

译者注：
1. "圣杯"是指传说中耶稣在最后的晚餐上所使用的酒杯。圣杯已经丢失，且相关的谣言层出不穷。因此常用"圣杯问题"来形容某事或某物极具争议，很难被弄清或理解。

上图：
研究者们正把越来越多的注意力转向 RNA 分子，认为它很可能在生命进化的过程中扮演了关键角色。

还有的科学家已经成功合成了一种能够自我复制的RNA分子。这种名为"R3C"的原基因[1]吸引了众多的目光，许多人因此认为所谓的"生物学特征"不一定是生物体独有的特征，它们也可能出现在微观的分子层面中（如个体和分子都能自我增殖）。

还有一些理论认为生命的起点仍是DNA和RNA分子，只是结构要简单得多。这是因为考虑到早期地球的化学环境，结构相对简单的分子更容易形成。在此基础上，简单的分子逐渐变复杂，经年累月的进化最终造就了复杂程度惊人且稳定高效的分子遗传机制。

由美国宇航局资助的化学进化研究中心（Centre for Chemical Evolution）位于美国的亚特兰大。供职于该中心的尼古拉斯·哈德（Nicholas Hud）教授相信，在同一时间内，多个生物大分子曾独立共存，直到后来它们之间发生联系，产生了我们今天所知的"生命"。

"我不认为问题的关键在哪一种分子首先产生了自我复制的特性，"哈德教授说，"我相信生命的起源需要多种多聚物[2]之间的协同作用。有4类多聚物构成了生物体新陈代谢的分子基础：脂质的生物膜，糖类（特指多糖），蛋白质以及核酸。地球上可能曾有过许多种类的多聚物，但是这4类最终脱颖而出。这相当于化学分子版本的'适者生存'。"

还有没有其他的理论？

有关生命起源的理论还有数十种，其中一些只是与上述理论稍有区别，其他一些则另辟蹊径。概括而言，许多理论试图解释的关键问题是分子进化发生的场所，合适的场所不仅要能浓缩和富集重要的生物大分子，还要能避免它们分解。比如"黏土学说"（clay theory），它的核心观点认为黏土中的晶体

译者注：

1. 原基因（Protogene），是指具有类似基因（DNA）功能的RNA分子，是RNA世界学说中的概念之一。

2. 多聚物（Polymer），是指由结构相对简单的单位分子聚合而成的有机高分子。绝大多数生物体的功能分子都属于此类。

为有机分子的有序反应创造了有利条件。

还有的理论试图把关注点放在分子进化的顺序或者大分子之间开始建立关联的时间点上。典型的代表如一种叫"脂质世界"（lipid world）的学说，它认为由脂质分子构成的膜性囊泡才是细胞诞生的第一步。按照该学说的观点，虽然脂质的囊泡本身不能携带任何遗传信息（因为没有DNA或者RNA），但是即便没有复杂的生物遗传体系，它们也仍然可以自我增殖，由少变多。而封闭的脂质囊泡则为RNA等分子提供了理想的微环境。

我们能找到一个满意的答案吗？

相关研究领域内的科学家们仍然对一些基本的问题莫衷一是。如果你有机会跟研究生命起源问题的科学家们聊聊，就会发现他们之间不仅没能达成一致，反而渐行渐远。生物化学家尼克·莱恩（Nick Lane）博士——他同时也是探讨生命起源的书《复杂生命的起源》（*The Vital Question*）的作者——认为，生命起源甚至比理论物理学中的某些问题还要难："我们这些人的处境比理论物理学家更不利。在理论物理学领域，问题明确，大家至少对要研究什么没有异议；他们还可以建造巨大的设备，比如大型强子对撞机，用实验寻找答案。而我们光是在研究的问题上达成一致就已经是大功一件了。"

可是，尽管没有统一的理论基础，许多科学家还是对研究的前景抱有信心。计算机模型在这个领域中的应用日益广泛，可以模拟某些分子混合体系随着时间推移而发生的变化。"我觉得我的研究还没有进行到需要计算机模型的地步……"莱恩颇为认真地说。

"最重要的一点是，几乎所有生命都有共同的基本特征，"马修·鲍南尔（Matthew Powner）说，他是一名在伦敦大学学院研究生命起源的化学家，"人类和树之间的差别看似明显，但是很多人不明白其实两者的生物化学基础大同小异，化学物质的构成也非常近似。8种核苷酸，20种氨基酸，再加上几种脂质，大体上就够了。"

关于生命是如何起源的问题，很难说我们有多大的进展，不过实验室里每次成功获得一种生物体分子，就如同找到了答案的一块拼图。遗传学家亚当·卢瑟福（Adam Rutherford）在他的书《造物：生命的起源》（*Creation: The Origin Of Life*）中对自己研究的领域有这样一段概括："大自然花费数百万年才得到的成果，科学家们只用了大概十年就重复出来了。（研究生命起源的人）必须记住，我们已经知道了答案：今天的生命就是答案。而我们要回答的问题则是寻找一条令人信服的进化道路，解释生命究竟是如何一步一步变成了今天的样子。"

物理学如何解释生命起源

传统的生物学该让路了，在研究生命起源这个领域，物理学才是冉冉升起的新星。

现代物理学帮助我们理解了无数自然现象，大到宇宙的膨胀，小到微观粒子的运动，包罗万象。那么，物理学能够解释生命是如何起源的吗？至少麻省理工学院的物理学助理教授杰里米·英格兰（Jeremy England）博士认为，答案是肯定的。英格兰博士正在研究一个相当大胆的理论，他希望在没有生命的化学粒子中找到类似生物体的行为。

"我在本科的时候研究过蛋白质分子的折叠，从那时起，我就一直对大分子如何能在遵循物理学原理的前提下展现出生物学性质很感兴趣，"英格兰博士说，"研究这个问题让我不必在理论物理学和生物学之间做取舍，两个学科我都很喜欢，

正好双管齐下。"

英格兰博士研究工作的理论基础是经典物理学中的热力学。顾名思义，这是一门研究热能转移规律的学科，它可以用来解释许多自然现象。他把自己正在研究的理论称作"耗散性适应（dissipative adaptation）学说"，这个拗口的名字可以分成两个部分——"耗散"和"适应"：所谓的"耗散"，是指物质的分子向环境释放能量（主要以热能的形式，也就是放热）；而"适应"则是能量释放的结果，即分子结构的形成和改变，使其能稳定存在于环境中。英格兰博士的目标就是研究两者之间的因果关联。热能耗散会导致环境的熵值（物理学中的"熵"

是对无序程度的度量）增加。奥地利量子物理学家艾尔温·薛定谔（Erwin Schrödinger）曾指出，向环境中耗散热能是生物体存在的必要条件。这个过程之所以重要，是因为只有热能耗散和熵增，才能保证生物体的结构在不断进化的过程中能够维持一种在热力学上被称为"非平衡态"（non-equlibrium state）的状态。

通常而言，一个系统（在物理学上，"系统"可以指代任何宏观实体，比如一盒气体，或者任何一种复杂的构造等等）总是会和周围的环境达到平衡态。所谓的"平衡态"，意味着系统和环境之间没有热能的净流动。举个例子，如果你在桌上放一杯热茶，那么最终它的温度会变得与室内温度相同——爱喝茶的人最见不得这种情形了。与此不同的是，生命体和它们所处的环境保持着"非平衡态"：它们不断从周遭获取能量（太阳、食物），又不断把能量主动释放（也就是"耗散"）到环境里。获取和耗散的过程让生物体能够降低自身的熵值，这样才能在生长的同时保持结构的稳定。英格兰博士和他的科研团队研究的正是这种非平衡态系统的物理学特性，他们试图借助计算机模型，寻找让类生命行为自发出现的物理学条件。

超越生物学

这不是物理学家第一次试图探究更深层次的生物学问题。

上图：

杰里米·英格兰的计算机模拟程序，模拟了黏稠液体中的粒子行为。青蓝色的粒子在震荡力的驱使下，相互之间逐渐形成连接。

对页图：

雪花的结构其实很复杂，它是液态水放热凝固后形成的，但是即使经历如此复杂且自发的结构变化过程，它也并不是生命。

1944年，薛定谔把自己在人生第二故乡都柏林发表的一系列演讲编纂成书。那本书的名字叫作《生命是什么》（*What Is Life*），它着重强调了能量流动和熵在生命现象里的中心地位。薛定谔还在书中提出，生物的遗传现象应当是依靠一种被他称为"非周期性晶体"的物质——一种以自身的结构作为储存信息载体的分子。这个预言后来得到了印证，薛定谔假想的晶体也就是我们今天所说的DNA分子。

"我目前正在研究的课题暂时和生物学没有什么关系，它开始于这样一个想法：如果想用物理学研究生物学问题，第一步应当是解构生命的特征，以物理学的眼光和语言准确描述并定义生命现象，这样才能把它们放到热力学的范畴内研究。比方说，我们都知道生物能繁殖，然而显然并不是所有能自我复制的东西都是生命。"英格兰博士说。

英格兰博士感兴趣的生命特征包括自我增殖、获取能量、自然选择和对未来的预见。他告诉我们，这些特征并非生命所特有，有时也可见于简单而常见的非生命现象里，比如雪花、沙丘。但是它们的共同点是，雪花和沙丘的形成也需要经历向周围环境耗散能量的过程。"比如雪花的形成，液态水转变为固体的凝固过程是放热的，"他说，"至于沙丘的形成，首先风吹动沙子，沙粒之间因为相互摩擦，动能转变为热能并耗散到环境中。当沙子的动能完全耗尽后，它们就飘落聚集在一处，形成隆起的沙丘。"

物种进化的所有信息都储存在它的DNA里，换个角度来说，生物信息其实就是DNA的结构信息。英格兰博士相信遗传物质的结构同样是热能的耗散和由此导致的熵增的结果。由此推断，英格兰博士认为即便今天的生物没有进化出DNA

分子，也会有另一种记录生物遗传信息的物质——重要的是结构，而不是哪种物质。

"设想一个歌剧演员对着一个玻璃杯歌唱。玻璃杯因为发生共振，形状极度扭曲并最终破裂。完整的杯子破碎之后，玻璃碎片共振并从歌声中吸收能量的能力就变得没有那么强了，"他说道，"但是，玻璃杯的碎片并不只是一堆随随便便的玻璃碎渣，它们包含着原本杯子全部的形状信息。因此，即便破杯子已经不再强烈地吸收能量，但是杯子的碎片是信息的载体，记录了杯子曾经的样子。现实生活中我们只要借助些许刑侦的手段，就能将其原本的形状重现。"

有时候，他们会在模拟研究中看到惊人的自我组织现象。比如，他们曾模拟过一个由许多激发态粒子组成的混合体系，实验开始后，其中一些粒子表现出能从其他粒子夺取能量的行为。随着模拟继续，这些更擅长获取和吸收能量的粒子逐渐在混合体系中占据上风。

"我们认为生命有许多非常擅长的事，比如获取能量、进行预测性演算（也就是俗话说的预见未来）以及自我修复。达尔文的进化论认为生物进化需要经历过度繁殖和自然选择这两个步骤，而我们在模拟中观察到的自组织现象并不是生物的行为，所以也就不涉及达尔文和他的进化论。"

生命的百宝箱

英格兰博士的理论虽然还在襁褓之中，但是已经引来了批评。他自己也认为，仅仅表现出类似生命的行为还远不足以成为判定生命的标准。

"我们今天看到的所有生命，无一例外都是过去生命长期协同进化的成果，是经历过无数竞争的幸存者，"他说，"并且，现今的每个生命体都是生命现象和行为的集大成者，但是

那并不意味着这些现象从一开始就同时出现在了地球上。举个例子，比如地球上可能曾经存在过某种东西，它非常善于获取能量但是又不会自我增殖。当然这只是一个假想的例子，我并不是说我已经知道如今这些被称为'生命'的东西是怎么从无到有、从简到繁，一路走到今天的。"

英格兰博士知道的是，他的团队正致力于扩充一种被他称为"百宝箱"的东西。这个"百宝箱"里有各种工具，可以任凭早期地球上的生命候选者们挑选。就目前而言，英格兰博士的研究工作完全基于计算机模拟。不过，也有认同这个领域的某些研究者开始以物理学实验论证相关的热力学问题。

我们暂时还没有生命是如何起源的答案，不过耗散性适应是一个很好的开始，它让我们清楚地看到，生命的存在与物理学的基本原则并不相悖。

什么是熵？

热力学第二定律有许多的表述形式，其中一种措辞给人一种它微不足道的错觉：热能会自发从高温物体流向低温物体。不要觉得这是废话，所谓大道至简，热力学第二定律几乎与所有自然现象有关，从生命的存在到宇宙的最终命运。

热力学第二定律还有一种更学术的表述形式：在孤立系统中，熵值总是在增加或维持不变。"熵"（entropy）是一种对混乱程度的数学描述，"混乱程度"反映了某个体系内的各个部分所有可能的排列方式。如果说得宽泛一点，也就是如果一个系统的无序程度越高，那它的熵值就越大。

以这本书为例，如果所有的文字按照现在的顺序排列，它们就组成了言之有物的文章；而同样的文字还有许许多多种排列的方式，只不过在其中绝大多数的情况下，读者就看不懂这本书的内容了。

热力学第二定律还告诉我们，随着时间的推移，熵值终会增加，犹如在时间长河里，一切都终会沦为残垣断壁，尘归尘，土归土。在自然界，无序程度的增加是自发的，所以打破玻璃杯比修好一个玻璃杯要简单得多。

如果严格按照热力学第二定律，那么生命似乎根本就不应该出现。这就是限定条件"孤立系统"在定义里存在的原因。如果一个系统会从环境中获取能量（也就是它不"孤立"），就有可能维持本身的低熵状态。换句话说，要是你综合考虑这个系统以及给予它能量的环境，两者组成的"孤立系统"的熵值依然是增加的，仍然符合热力学第二定律。

术语加油站 ←

无生源说（Abiogenesis）

这是一个专业术语，是指认为地球生命起源于无生命物质（如简单的有机物）的理论。与之相对的理论是生源说（biogenesis），它认为所有的生物物质都是由其他生命物质产生的，这也是地球生命自诞生以来的一贯特征。

RNA 世界学说（RNA world）

RNA 分子很像是 DNA 分子的单链版本，它在活细胞中执行许多重要的功能。科学家们已经证实RNA 分子中的某些成员可以自发地进行自我复制。它们结构简单，并且能够自我增殖，这意味着地球从前可能是 RNA 分子的天下。

质子梯度（Proton gradient）

活细胞的各项功能都需要由复杂的新陈代谢提供能量，而新陈代谢会导致细胞内不同部位的化学势能不同。这种化学粒子分布不均匀的现象也被称为"质子梯度"。弄清质子梯度如何在活细胞内自发产生是目前解释早期生命起源的关键环节。

共同祖先学说（LUCA）

LUCA 是"最后共同祖先"（Last Universal Common Ancestor）的首字母缩写。这个假想的理论认为，现今地球上所有的生物都是由某个共同的祖先物种（LUCA）进化而来的。科学家们认为 LUCA 很可能是一种生活在大约 35 亿年前的生物，不久之后细胞生物分化出两大阵营，也就是后来的真细菌和古细菌。虽然科学家对 LUCA 有比较合理的构想，但基本都是纯理论的推论，不是以事实和证据作为基础。

宇宙胚种学说（Panspermia）

这种学说认为外星生命体曾落入地球，并进化出了地球生命。

3

生命的↓黎明

海百合化石

图中这种物种的学名为 *Scypho-crinus elegans*，它是一种已经灭绝的海百合。这块化石可以追溯到志留纪和泥盆纪时期，距今大约 4.43 亿 ~ 3.58 亿年。海百合是一种生活在海洋里的棘皮动物。图中的这种海百合身上有一条长长的柄，它借此附着在海床上；羽毛状的触手围成杯状，用于捕食水中的猎物。如今，有数千种海百合已经灭绝，我们只能在化石中找到它们存在过的证据。幸存至今的海百合仅剩不到 100 种。

地球上最早的生命形式是身体柔软的生物，它们如何进化出硬壳，并最终成为四条腿的动物……

由于化石形成的概率极低，以至于所有曾在地球上出现过的物种中，仅有不足百分之一能留下化石。尽管如此，坚持不懈的发掘还是让我们找到了相当数量的化石。古生物学家一直零零星星地拼凑着这些证据，试图还原生命进化的主要历程，解答今天多样的生命是从何而来的问题。这段历程的起点是在加拿大岩石中发现的距今大约39.5亿年前的疑似微生物残迹；其后，地球生命的复杂度和多样性与日俱增，多细胞生物崛起，直至第一种大型动物登上了历史舞台；随即，种类繁多的无脊椎动物突然出现，史称"寒武纪大爆发"，时间是距今约5.41亿年前；脊椎的出现成了此后进化的趋势，脊椎动物逐渐发展出了背部的脊椎骨、颅骨、下颌以及四肢。植物和陆生四足动物分别在4.7亿年前和3.95亿年前进军地球上的大陆，它们出现在大地的那一刻，现代生命的版图便就此奠定……

狄更逊水母 *Dickinsonia*

体型尺寸

狄更逊水母的化石在世界各地均有分布。最小的化石不到 1 厘米，而相比之下，最大的种类帝王狄更逊水母（*Dickinsonia rex*）则要大得多，直径可达 1.4 米。

胆固醇

胆固醇是动物特有的化学物质。2018 年，科学家证实了狄更逊水母的化石中有微量胆固醇存在，由此证明狄更逊水母是地球上最古老的动物之一。

外形

狄更逊水母的身体由许多充满体液的体节组成，它的外形就像一个柔软饱满的床垫。

首尾

狄更逊水母的身体可能有前后的区别，而在它生活的埃迪卡拉纪，许多生物还没有进化出明显的头部和口腔，这些生物很可能是通过体表吸收营养的。

运动

埃迪卡拉纪的生物大多不能运动，而狄更逊水母则是少数的例外之一。科学家曾在海床上发现了 13 个前后相继的"印痕"，它们是狄更逊水母的身体在海底移动时留下的。

埃迪卡拉生物群

在地球上出现生命后的数十亿年里，一直都是细菌主宰着世界。这种情况一直持续到大约 5.5 亿年前。1946 年，人们在澳大利亚南部的埃迪卡拉山区（Ediacara Hills）发现了许多外形奇特、身体柔软的生物的化石，显示当时的生态系统已经进化出了大型的多细胞生物。人们用发掘地的名字命名了这个生物群落，称之为"埃迪卡拉生物群"（Ediacaranbiota）。埃迪卡拉的化石在研究者之间引发了争论，人们不确定它们究竟是某种地衣、动物还是某支在进化树上已经完全灭绝的远古物种。

远古海洋的海床上铺着富含细菌的淤泥，大多数埃迪卡拉生物群的成员外形都很简单，它们获取营养的方式不外乎从淤泥里吸收细菌或是从海水中滤食。埃迪卡拉时期的某些物种很可能是现代生物的祖先，而现代的珊瑚、水母和软体动物也许都是与它们有关的物种。由于埃迪卡拉纪的生态系统里还没有捕食者和被捕食者的区别，所以以外壳为代表的防御性结构还未出现。

你知道吗？←

美国宇航局一直是澳大利亚埃迪卡拉地区化石发掘工作的资助者，因为该机构相信，如果太阳系行星的卫星上存在着简单的地外生命，那么研究地球上的这些奇异生物（化石）可能是将来探索和鉴别地外生命的一个理想切入点。

本页图：
斯普里格蠕虫（*Spriggina*）在埃迪卡拉生物群中独树一帜，它有成形的头部和以节段作为区分的身体（体节）。这种身长 3~5 厘米、身体柔软的生物很可能是一种早期的节肢动物。同样属于节肢动物的物种有昆虫、蟹、蜘蛛和三叶虫等。

三叶虫　*Trilobite*

坚硬的外骨骼

三叶虫长着坚硬而灵活的外骨骼，它的主要成分是钙的磷酸盐和几丁质。与现代的龙虾以及蜘蛛一样，三叶虫会在生长过程中蜕皮。这也意味着，在科学家发现的三叶虫化石里，可能有不少只是它们蜕下的外骨骼。

头盾

三叶虫有成型的头部，上面长着眼睛、口和触角。除了头部之外，三叶虫分节的身体还有两个主要的部分，即胸部和位于最后的尾板（也就是尾巴）。

复眼

三叶虫的视觉感官非常优秀。人类在化石中首次发现具有复眼的物种正是三叶虫：每只复眼由多达 1.5 万只多边形小眼组成，每个小眼里都有折光的棱镜，它的主要成分是方解石。

疣粒（瘤块）

与现代节肢动物一样，三叶虫的外骨骼上有许多不规则突起，比如位于其头盾的外骨骼隆起。这些突起有的内含感受器官，有的是为了防御、拟态，也有的是它们挖土掘地的器官。

尖刺

许多种类的三叶虫都长着尖刺，这是它们的防御手段。

坚硬的外壳

在1946年发现埃迪卡拉生物群之前，结构复杂的动物出现的时间只能追溯到大约5.41亿年前。各种各样的动物在较短的时间内爆炸式地突然出现，所以人们给这个地质学事件取了一个形象的名字：寒武纪生物大爆发（Cambrian Explosion）。

我们今天已经知道，弱肉强食的序幕在那时已经缓缓拉开，有的动物们还学会了挖开海床寻找食物。蠕虫动物在海床上藏身的孔洞，加上新的防御手段（坚硬的外壳和锋利的尖刺），这些有利于化石形成的因素导致寒武纪生物的化石异常丰富。动物的身体开始出现最原始的正中体轴，软体动物、节肢动物、海绵、蠕虫动物、棘皮动物（如海星），还有许多其他类别的动物都出现在了寒武纪时期的地层中。

在寒武纪动物中，把坚硬外壳的防御性进化到极致的当属三叶虫。最古老的三叶虫生活在大约5.2亿年前。到目前为止，人们已经在化石中鉴别出了超过5万种三叶虫，它们无不身披尖刺利刃。

本页图：
奇虾（Anomalocaris）一直被誉为寒武纪和奥陶纪海洋的大白鲨。这种节肢动物能长到一米长，身体两侧的叶片就像两排船桨，能做波浪样的摆动，推动身体在水中前进。奇虾还有两只带刺的前肢，可以抓取猎物并放入口中。

你知道吗？ ←

三叶虫是有史以来最成功的动物之一，它们在地球上生存了2.5亿年，足迹遍布全球。在距今2.52亿年前的二叠纪末期，地球上发生了大规模的生物灭绝，大约95%的海洋物种从此销声匿迹，其中就包括所有的三叶虫。

后斯普里格蠕虫 *Metaspriggina*

突出的眼睛

后斯普里格蠕虫的外表活像一个卡通角色，它有一双突出的眼睛和分化明显的头部。头部除了眼睛之外，还有一个鼻囊用来感受周遭的环境——也就是鼻腔的雏形。

脊索

一条由软骨构成的长条状结构，作用是支撑神经纤维，这是脊椎的前身。

成束的肌肉

从后斯普里格蠕虫布满全身的 W 型肌肉束来看，它应该相当擅长游泳。从现有的证据来看，后斯普里格蠕虫要么没有鳍，要么就是鳍没能形成化石。

鳃弓

后斯普里格蠕虫的体表有七对鳃弓的裂口，它们可以从水中吸收氧气，后来出现的有颌鱼类同样拥有这个特征。

尾巴

尾巴作为躯干的延伸，从身体后部开口（后口，与头部的前口相对）的上方越过。后口是所有脊索动物的共同特征。

脊椎动物登场

脊索动物（Chordatees）出现在寒武纪生物大爆发中，它们的神经纤维聚集成捆，从前到后，在与我们"背部"相当的位置上形成一条结构简单的神经索。生活在大约5.05亿年前的后斯普里格蠕虫就是最早出现的脊椎动物之一，也是最古老的鱼类。

在发现之初，研究者误以为它是一种斯普里格蠕虫（生活在距今5.5亿年前）的近亲，所以才取了这个名字。不过，随着伯吉斯页岩（Burgess Shale）地区化石发掘工作的推进，后斯普里格蠕虫在分类上的错误得以纠正。虽然这种身长6厘米的生物被认为是鱼，长着一对突出的眼睛、用鳃呼吸，还有一条"脊索"——一种纵向贯穿身体、由软骨构成的坚硬条索状结构，作用是支撑神经和为肌肉提供附着点——但是它和现代的鱼类长得一点也不像。后斯普里格蠕虫肌肉发达，在水里行动迅速，这让它免于沦为如奇虾等寒武纪掠食者的盘中餐。虽然后斯普里格蠕虫还没有矿物化的骨骼，但是它已然向成为真正的脊椎动物迈出了第一步。

本页图：
生活在4.8亿年前的阿兰达鱼（Arandaspis）是第一种浑身覆盖骨质甲片的鱼类，这是已知最早的骨骼：体表骨片与脊椎动物内骨骼的成分是相同的。阿兰达鱼体长约20厘米，生活在奥陶纪的拉冉普提海（Larapintine）里。

你知道吗？ ←

地球上最早的脊椎动物诞生在靠近陆地、深度不超过60米的近海水域。在长达1亿年的时间跨度中，它们一直在这样的环境里演化，不同的物种逐渐进化出了各异的身体特征，比如坚硬的甲胄，或是流线型的躯干。

全颌鱼　*Entelognathus*

完整的颌骨

全颌鱼已经有了结构完整的颌骨。它的下颌由多块较小的骨骼构成，类似于现今的硬骨鱼类。构成全颌鱼颌骨的包括齿骨（非哺乳动物下颌前端附着牙齿的骨骼，相当于我们的下颌骨；在哺乳动物中，包括齿骨在内的所有下颌骨都合并成了一整块）、前上颌骨以及上颌骨（相当于我们的上颌）。

甲胄覆盖的头部和身体

盾皮鱼是一类浑身披着骨质盾片的鱼类，包括头盾和躯盾。在头颈连接处，骨盾之间由特殊的关节相连，使其能够自由转动。

内耳

盾皮鱼是目前已知的最早拥有内耳结构的脊椎动物。它的内耳中有三个半规管，用以感受和维持平衡。今天，包括我们在内的脊椎动物都保留了这个特征性结构。

武装到眼睛

盾皮鱼就连眼睛周围都长着骨盾，由此可见志留纪时期掠食者和被捕食者之间的"军备竞赛"有多白热化。

鳞片

盾皮鱼躯干的末端以及尾巴上只长了鳞片，而没有骨盾，那里是它们相对脆弱的地方。

第一个能咬人的下巴

最早的鱼类，如后斯普里格蠕虫，只能用嘴吮吸食物，而一张以颌骨支撑的血盆大口则能让它的主人衔取并咬碎长着贝壳或者外骨骼的猎物。拥有下颌骨也就意味着拥有了捕食更大、更危险的猎物的能力，这把鱼类带向了一个全新的进化领域。

最早进化出腹鳍和下颌的脊椎动物是全身披有骨质盾片的盾皮鱼类。一般认为它们出现在距今大约4.4亿年前的志留纪，都长着相对原始的骨质下颌，外形细长似鸟喙。大约4.19亿年前，出现了一类被称为全颌鱼（*Entelognathus*，字面意思为"完整的下巴"）的物种。它们的下颌骨由多块骨骼组成，包括一块"齿骨"——这块骨骼或是它的遗留结构，依然存在于现代的硬骨鱼、两栖动物、爬行动物和哺乳动物中。因为有了下巴，全颌鱼的面相看上去更接近于今天的动物。因此我们可以说，身长大约20厘米的全颌鱼很可能是地球上第一个"有头又有脸"的物种。

本页图：
邓氏鱼（*Dunkleosteus*）是一种身长可达 6 米的盾皮鱼，生活在距今 3.8 亿年前的泥盆纪。它是海洋中最顶级的掠食者。邓氏鱼的体型不输大白鲨，满口尖利的骨牙，就连鲨鱼都是它磨牙的零食。

你知道吗？ ←

盾皮鱼是最早进化出两性交合行为的动物，在此之前，鱼类的繁殖都是通过排卵和体外受精。雄性盾皮鱼有一对作为外生殖器的附肢，被称为"骨质鳍脚"（bony clasper），它们借此把精子送入雌鱼体内。

志留纪
约4.43亿~4.19亿年前

库克逊蕨 *Cooksonia*

维管系统

库克逊蕨化石上的深色条纹可能是一种原始的维管系统，它分布在茎秆内，用来吸收水分，防止植物在陆地上脱水。

气孔

蜡和角质层虽然能够减少水分向外蒸腾，但同时也阻碍了氧气和二氧化碳的吸收。为此，库克逊蕨进化出了名为"气孔"的孔洞，为植物的组织输送空气。

涂蜡的角质层

现代植物的表面覆盖着一层蜡质，可以减少蒸腾作用的水分散失，这种适应机制也广泛存在于早期的陆生植物中，比如库克逊蕨。

孢子囊

每条分支的顶端都长着一个喇叭状的囊，里面充满了孢子。孢子囊的功能是将蕨的下一代散播出去。

第一种陆生植物

大概5亿年前，在海洋已然生机勃勃之时，地球的陆地还是一片毫无生气的不毛之地。最早生活在陆地上的生物是能够进行光合作用的细菌和地衣。随后，在大约5亿年前，原始的陆生植物离开海洋，开始了在陆地上的征程。而遗传学的研究显示，迄今发现的最早的孢子化石——距今约4.7亿年前——属于苔藓和某些类地钱植物。

库克逊蕨（*Cooksonia*）生活在大约4.25亿年前，是已知最古老的维管植物之一。在地球的历史上，以库克逊蕨为代表的原始维管植物曾称霸陆地至少4000万年，它们提高了土壤的肥力、保留了陆地上的水土，还给地球的大气充入了氧气。

大约3.7亿年前，地球上突然涌现出了许多种类的植物，其中包括早期的乔木物种。这些新出现的植物进化出了根和叶，它们是蕨类和裸子植物（如苏铁、银杏、紫杉和松柏）的早期祖先。

右上图：
最成功的现代植物当属以开花为特征的被子植物，被子植物门目前有 37 万种已知物种。已知的最古老的被子植物化石是距今 1.3 亿年前的蒙特塞克藻（*Montsechia*），它于 2015 年在西班牙被首次发现和确认。

鱼石螈 *Ichthyostega*

尾巴

鱼石螈的尾巴上立着一个小小的鳍，鳍内有竖立的骨条支撑，结构与辐鳍鱼类似。鱼石螈尾部的结构显示，它在水中可能会用尾巴助推身体。

后肢

现代四足动物的每个附肢末端都长着 5 个趾头（也有在后来进化中不足 5 个的情况），而鱼石螈的每个后肢有 7 个趾头。

头部

鱼石螈的头骨很宽，眼窝长在脑袋顶部。这样的构造可能是为了方便它潜伏在水下接近猎物。

前肢

鱼石螈粗短的前肢相比后肢更大、更强壮，它们可以划开水流把自己托出水面。

四足动物亮相

茂盛的植物已经随处可见，无脊椎动物也早就来到了陆地上，是时候轮到脊椎动物进军大陆了。我们不知道第一种踏上陆地的脊椎动物到底是什么、长什么样，不过身长1.5米的鱼石螈（*Ichthyostega*）应该非常有代表性。1929年，人们在位于格陵兰岛东部、距今大约3.7亿年的泥盆纪晚期岩层里首次发现了鱼石螈的化石。科学家相信这种半水生生物与所有四足动物（tetrapods，远古和现今所有长着四肢的动物，包括现在的两栖动物、爬行动物、鸟类和哺乳动物）的祖先都有紧密的联系。

尽管鱼石螈有呼吸空气的肺，但是它依然保留了许多水生祖先的特征，比如身上的鳞片，以及某些鱼类具有的骨质鳃盖。凭借肺和强壮的四肢，鱼石螈能够在浑浊的泥水里行动。因此，它很可能栖息在河流入海口或者沿海三角洲附近。但是鱼石螈可能不擅长在陆地上移动：它或许只能像海豹一样在陆地上挪动，而无法像蝾螈那样快速地爬行。

右图：
作为水生和陆生的过渡物种，提塔利克鱼（*Titaalik*，生活在 3.75 亿年前）的形态更接近肉鳍鱼（现存的腔棘鱼就是一种肉鳍鱼），后者是四足动物的祖先。提塔利克鱼不仅有鳃裂和鳍，而且有原始的四肢骨。科学家猜测四肢的主要作用是让其能在浅水区域托举自己的身体。

你知道吗？ ←

在波兰的一处化石发掘现场，人们找到了一种类似鱼石螈的两栖四足动物在 3.95 亿年前留下的几十个脚印。这些脚印化石比最古老的陆生动物骨骼化石还要早至少 2000 万年。

4

恐龙的进化之路

中生代
约2.52亿~6600万年前

发生在2.52亿年前的二叠纪—三叠纪生物大灭绝（Permian-Triassic mass extinction event）是地球有史以来最惨烈的生物灭绝事件，大约96%的物种在那次大灭绝中消失。不过塞翁失马，安知非福，物种的大规模灭绝却为恐龙和其他物种的崛起创造了良机……

约2.45亿年前

恐龙的祖先

初龙类（Archosaurs，字面意思为"爬行动物之主"）出现在大约2.45亿年前，它们既是恐龙和翼龙（一类会飞行的爬行动物）的祖先，也是现代鳄鱼以及鸟类的祖先。上图的有角鳄（Desmatosuchus，又称链鳄）就是初龙类的成员之一。它是一种植食性生物，身披坚硬的护甲，两侧长着自卫用的尖刺。

约2.43亿年前

第一种恐龙

　　下方这种体型与狗相当的生物叫尼亚萨龙（*Nyasasaurus*），它要么是已知最古老的恐龙，要么就是一种与早期恐龙亲缘关系最近的爬行动物。尼亚萨龙比其他恐龙出现的时间要早至少1200万年。

约2.31亿~2.28亿年前

始盗龙（*Eoraptor*）

　　始盗龙是最古老的恐龙之一，它的前爪有五个指，但是其中两个是没有爪子的残肢。到目前为止，科学家只发现过未成年始盗龙的化石。

细小、尖利且向后倒生的牙齿

五个指中只有三个用于抓取食物

始盗龙资料包

名字的含义：
远古的小偷

体型：
长 1 米，体重 200 千克

食性：
其他脊椎动物

生活年代：
三叠纪晚期（距今 2.28 亿年前）

化石出土地：
阿根廷

你知道吗？ ←

对古生物学家们来说，脚印化石比骨骼化石包含了更多有关恐龙行为的信息。

约2.14亿年前

板龙（*Plateosaurus*）

　　板龙是一种成群生活的恐龙。科学家曾在一处"板龙坟场"发现了超过55头板龙，它们应该是集体陷进了泥沼里，最终因饥饿而死。

约2.01亿年前

三叠纪—侏罗纪生物大灭绝
第四次生物大灭绝

　　大约70%~75%的地球物种在三叠纪末期灭绝了，包括许多两栖动物以及大型的爬行动物。虽然导致这次灭绝的原因未明，但灭绝造成大量生态位的空缺，为恐龙在侏罗纪的繁盛埋下了伏笔。

侏罗纪早期
约2亿~1.75亿年前

约2亿年前

第一种哺乳动物

恐龙逐渐成了陆地的主宰，而爬行动物里有一支另辟蹊径，一类被称为元哺乳动物[1]的生物在恐龙盛行的年代成功占据了一个自己的生态位。它们体型很小，栖息在树上，只在恐龙相对不活跃的夜晚外出捕食。

右图外形酷似鼩鼱的中华侏罗兽（*Juramaia sinensis*）被认为是最早的、"真正的"哺乳动物。

译者注：
1. 这类动物也被称为"类似哺乳动物的爬行动物"（mammal-like reptiles），因它们与爬行动物的差异已经相当明显，故此处采用中国古生物学家苗德岁老师首创的译法，作"元哺乳动物"。

约1.9亿年前

双脊龙（*Dilophosaurus*）

在三叠纪—侏罗纪生物大灭绝事件发生后，恐龙真正迎来了它们的全盛时代，比如右图这只双脊龙。

约1.7亿~1.6亿年前

华阳龙 (*Huayangosaurus*)

　　华阳龙是一种身披骨板的植食性恐龙。它的背脊上长着骨刺，是其防御的武器。华阳龙的化石出土于中国。

侏罗纪晚期
约1.61亿~1.45亿年前

约1.56亿~1.44亿年前

剑龙（*Stegosaurus*）

　　别看剑龙的体型巨大，就比例而言，它们的脑容量却是动物中最小的——剑龙的脑子只有一个酸橙那么大。剑龙脊背上巨大坚硬的骨板是背部皮肤的衍生物，而非内骨骼的直接外延。骨板在进化上的意义至今仍众说纷纭，最有可能的解释是为了传递视觉信号，另一种说法则认为它们有调节体温的功能。剑龙会用长在尾巴末梢上的四支尖刺保护自己免遭掠食者的袭击，如异特龙（*Allosaurus*）和角冠龙（*Ceratosaurus*）。

剑龙资料包

名字的含义：
带着屋顶的蜥蜴

体型：
身长 9 米，高 2.75 米，体重 2~4 吨

食性：
植食性，食物包括苔藓、苏铁和各种植物果实

生活年代：
侏罗纪晚期
（约 1.56 亿 ~1.44 亿年前）

发现人：
1877 年，由奥塞内尔·查利斯·马什
（Othniel Charles Marsh）发现

化石出土地：
美国

钻石状的骨板沿背脊分布，骨板的作用可能是传递视觉信号或者调节体温

脑容量极小，仅相当于一个橙子

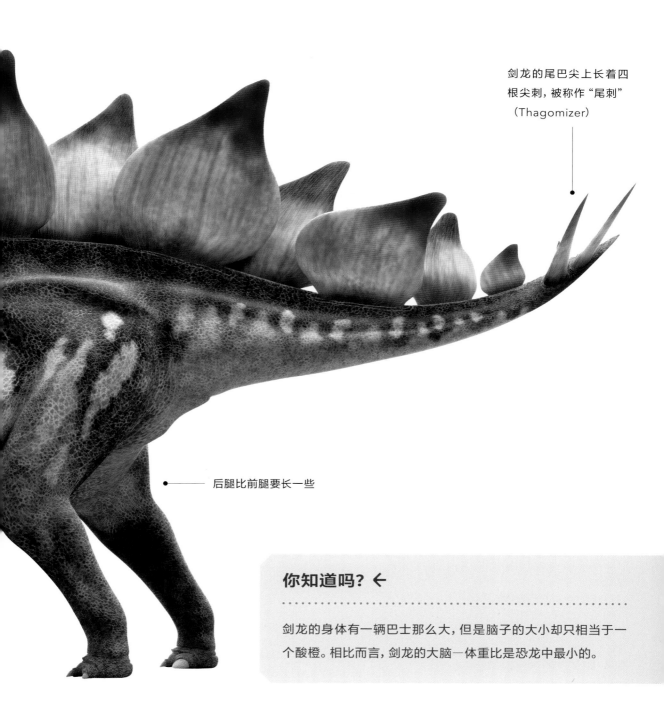

剑龙的尾巴尖上长着四根尖刺，被称作"尾刺"（Thagomizer）

后腿比前腿要长一些

你知道吗？←

剑龙的身体有一辆巴士那么大，但是脑子的大小却只相当于一个酸橙。相比而言，剑龙的大脑—体重比是恐龙中最小的。

约1.55亿~1.40亿年前

腕龙（*Brachiosaurus*）

　　生活在侏罗纪晚期的腕龙有一条巨大的长脖子，它名字的意思是"长臂蜥蜴"。由于体型巨大且以植物为食，所以腕龙每天要摄取足足400千克的食物。腕龙的骨性鼻腔开口在非常高的位置，所以人们曾认为它是一种生活在水中的恐龙。不过现在我们已经知道，腕龙的鼻孔位于吻部（指某些动物突出的口鼻部，如猪）的前部而非顶部，所以它是一种真正的陆生恐龙。腕龙很可能是群居动物，它们成群游荡在干燥且植被丰富的地方。

腕龙资料包

名字的含义：
长臂蜥蜴

体型：
身长30米，肩高7米，体重30~80吨

食性：
植食性，高大植物

生活年代：
侏罗纪晚期
（约1.55亿~1.40亿年前）

发现人：
1900年，由埃尔莫·里格斯
（Elmer Riggs）发现

化石出土地：
美国、葡萄牙、阿尔及利亚、坦桑尼亚

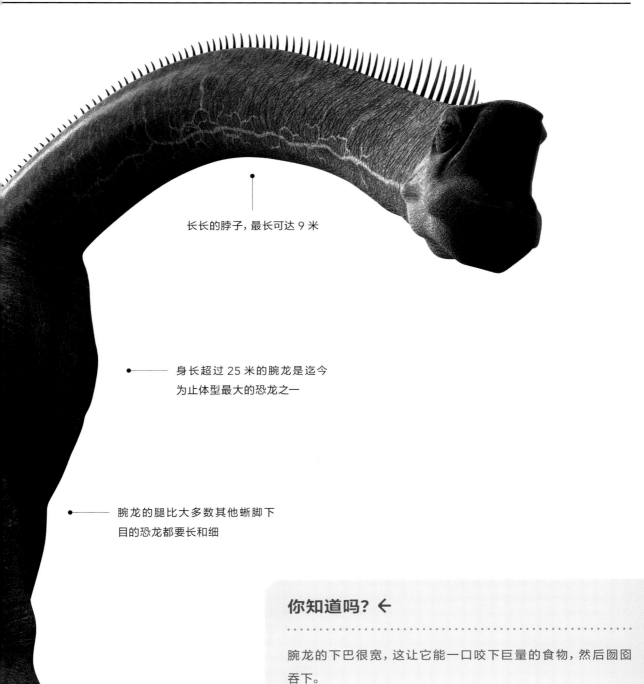

长长的脖子，最长可达 9 米

身长超过 25 米的腕龙是迄今
为止体型最大的恐龙之一

腕龙的腿比大多数其他蜥脚下
目的恐龙都要长和细

你知道吗？←

....

腕龙的下巴很宽，这让它能一口咬下巨量的食物，然后囫囵
吞下。

约1.55亿~1.45亿年前

虚骨龙（*Coelurus*）

　　虚骨龙是一种体型较小的恐龙。它有中空的骨骼和长长的后腿，娇小玲珑，行动迅捷。虚骨龙生活在今天的北美洲地区。它会用长着三根长爪的前肢抓取猎物，以猎食小型动物为生。

虚骨龙身长大约 1.8 米 ———●

上图：
虚骨龙是一种生性活跃的食肉动物，生活在侏罗纪晚期。

约1.5亿~1.35亿年前

林龙（*Hylaeosaurus*）

恐龙的发现可以追溯到维多利亚时期。科学家理查德·欧文（Richard Owen）受到三块化石的启发，意识到它们是一类全新的爬行动物——恐龙。林龙就是当初那三块化石之一。

上图：
林龙的拉丁学名意思是"林地爬行动物"。

约1.47亿年前

始祖鸟（*Archaeopteryx*）

始祖鸟是一种生活在侏罗纪晚期的小型肉食性恐龙，外形如飞鸟，体重仅有500克。它一直被认为是有史以来第一种真正意义上的鸟类，是物种从恐龙过渡到鸟类的证据。在始祖鸟被发现之前，它一直是进化论上缺失的环节。

始祖鸟资料包

名字的含义： 古老的翅膀	**食性：** 肉食性，捕食小型爬行类、哺乳类和各种昆虫
英文名称发音： 阿基 - 奥普特 - 瑞克斯 Ark-ee-opt-er-ix	**生活年代：** 侏罗纪晚期（约 1.47 亿年前）
体型： 身长 50 厘米，体重 500 克	**化石出土地：** 德国

你知道吗？ ←

· ·

始祖鸟爪子的结构显示它并不擅长爬树，不会为了飞行而经常爬到树木的高处；此外，始祖鸟的肩带（指连接前肢骨骼和躯干骨的结构）非常原始，所以它也不擅长扇动翅膀飞行。由此可见，始祖鸟很可能只能腾空一小段距离，而不能长途飞行。

上颌长满了细小的锥形牙齿

宽大的翅膀，圆润的羽尖

虽然尾巴只有 50 厘米，但是相
对身体而言已经不短了

白垩纪早期
约1.45亿~1.00亿年前

约1.35亿~1.25亿年前

禽龙 (*Iguanodon*)

禽龙堪称最成功的恐龙之一，因为禽龙属的各个成员曾遍布全世界各地。这种植食性恐龙很有可能会用两条后腿行走。

禽龙资料包

名字的含义：
鬣蜥的牙齿

体型：
身长 10 米，体重 3~4 吨

食性：
植食性

生活年代：
白垩纪早期
（约 1.40 亿 ~1.10 亿年前）

化石出土地：
比利时、英国、美国

骨骼上的肌肉附着点显示，
禽龙很可能长着长长的舌头

禽龙前掌的拇指上有一根
长刺，也许是它的武器

白垩纪早期
约1.45亿~1.00亿年前

约1.25亿~1.22亿年前

尾羽龙（*Caudipteryx*）

　　尾羽龙的尾巴上长着巨大的羽毛，外形酷似一把扇子，它的作用很可能是炫耀，就像现代的孔雀一样。古生物学家在其化石相当于胃的位置上发现过许多石头，应是尾羽龙为了帮助消化食物而主动吞下的。

细小的牙齿暗示尾羽龙的主要食物是昆虫，也可能是植物

上图：
尾羽龙很可能不会飞行。

约9500万~7000万年前

棘龙（*Spinosaurus*）

　　棘龙的背上有一个巨大的帆状物，从脖子沿脊背直到尾部。帆状物由竖直方向的骨刺支撑，而骨刺又与脊柱相连。棘龙的体型比霸王龙还要大，但更苗条纤细。

上图：
棘龙是迄今为止体型最大的食肉恐龙，它比霸王龙还大。

白垩纪晚期
约1.01亿~6600万年前

约9000万年前

阿根廷龙（*Argentinosaurus*）

在已知的所有动物中，阿根廷龙是体型最大、体重最重的陆生动物：它的蛋有橄榄球那么大。如此庞大的身躯，能耗也是惊人的，估计它每天需要摄入10万卡路里的热量——相当于2127个苹果。

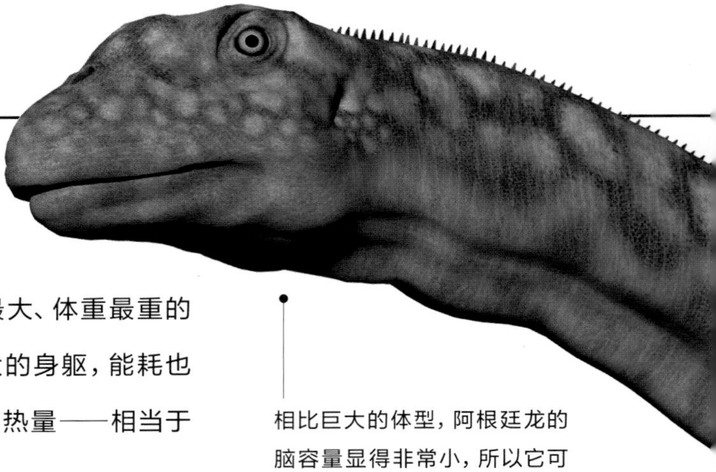

相比巨大的体型，阿根廷龙的脑容量显得非常小，所以它可能并不聪明

阿根廷龙资料包

名字的含义：
阿根廷的蜥蜴

体型：
身长 35 米，体重超过 80 吨

食性：
粗糙坚硬的植物

生活年代：
白垩纪晚期
（约 9000 万年前）

化石出土地：
阿根廷

你知道吗？ ←

· ·

据估算，阿根廷龙每次可以排出 15 升粪便，几乎可以塞满 3 个足球。

阿根廷龙很可能有鳞片——准确的术语是"皮内成骨"(osteoderms),它是指真皮下形成的鳞片、骨板或者其他骨质的沉淀物,同样的结构可见于现代的鳄鱼和犰狳等动物

白垩纪晚期
约1.01亿~6600万年前

约8400万~8000万年前

伶盗龙（*Velociraptor*）

虽然体型不大，但是这种生性活跃的掠食者是不可小觑的猎手。作为一种肉食恐龙，娇小、敏捷和利落的伶盗龙非常致命。它有一个细长的吻部，纤细的上下颌，28颗牙齿就像28把尖刀。伶盗龙的每个后脚掌上都有一根巨大、弯曲的钩爪，用来制服挣扎的猎物——从昆虫到其他恐龙，都是它的牺牲品。钩爪在不用的时候高高翘起，远离地面。此外，它的全身还覆盖着像鸟类一样的羽毛。

多达 28 颗尖刀
一样锋利的牙齿

伶盗龙资料包

名字的含义：
敏捷的盗贼

生活年代：
白垩纪晚期
（约 8400 万 ~8000 万年前）

体型：
身长 1.8 米，身高 50 厘米，
体重 7~15 千克

发现人：
1924 年，由亨利·费尔德·奥斯本
（Henry F. Osborn）发现

食性：
各种两栖动物、昆虫、爬行动物、哺乳动物、翼龙和其他恐龙（如原角龙等）

化石出土地：
蒙古国

你知道吗？←

伶盗龙的身长还不到霸王龙的十二分之一，不过它能以每小时 40 千米的速度奔跑。

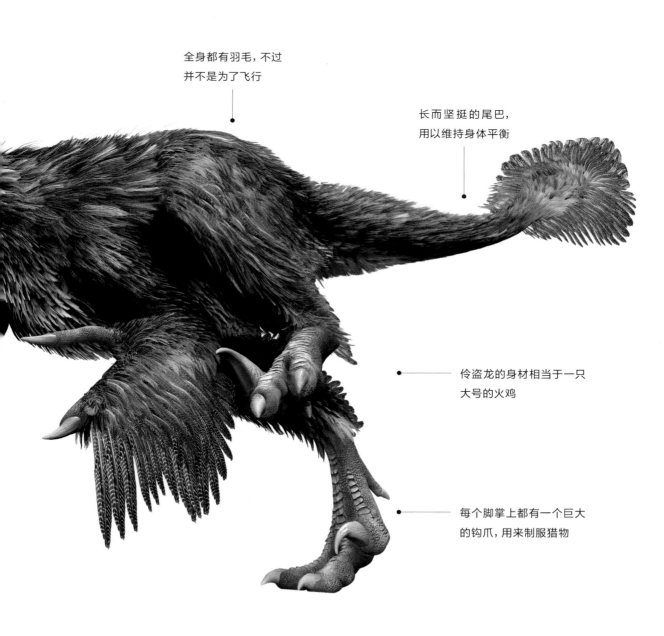

全身都有羽毛，不过
并不是为了飞行

长而坚挺的尾巴，
用以维持身体平衡

伶盗龙的身材相当于一只
大号的火鸡

每个脚掌上都有一个巨大
的钩爪，用来制服猎物

4 恐龙的进化之路

约7600万~7400万年前

埃德蒙顿甲龙（*Edmontonia*）

　　埃德蒙顿甲龙是一种身长4米的植食性恐龙，长着相当惊人的护甲——尖刺和骨板（同样是"皮内成骨"的产物）。它的视力较差，但是鼻腔长而曲折，所以想必嗅觉灵敏。

白垩纪晚期
约1.01亿~6600万年前

约6800万~6600万年前

霸王龙（*Tyrannosaurus Rex*）

绝对是最恶名远扬的恐龙——霸王龙是地球上有史以来最残暴的掠食动物之一：它的咬合力是狮子的三倍，嘴里长着60颗锯齿状的牙，最短的也有20厘米长。借此，霸王龙甚至可以咬碎骨头，连装甲最厚实的恐龙也无法从它的血盆大口中幸免。虽然身负所有杀戮的利器，但是霸王龙大脑中负责嗅觉的部位却相当巨大，这意味着它也很擅长寻找腐尸，所以除了超级捕食者之外，霸王龙应该也是相当专业的清道夫。

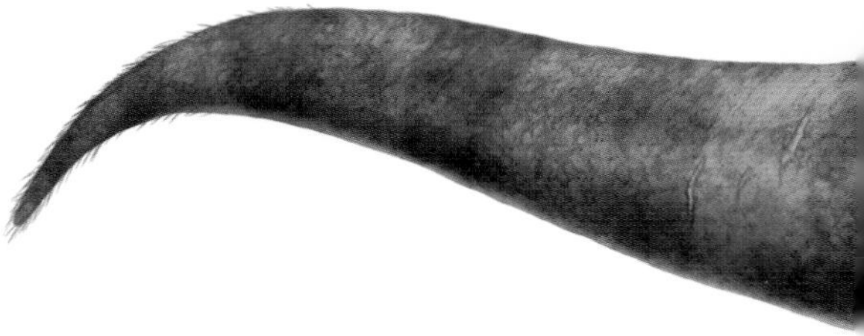

霸王龙资料包

名字的含义：
“暴君蜥蜴”中的王者

体型：
身长 12 米，身高 3.5 米，体重 7 吨

食性：
肉食，捕食大型恐龙，如三角龙和埃德蒙顿龙

生活年代：
白垩纪晚期（约 6800 万 ~6600 万年前）

发现人：
1902 年，由巴纳姆·布朗（Barnum Brown）发现、鉴定并命名

化石出土地：
美国、加拿大

成年霸王龙体表的大部分覆盖了鳞片,但是背部的某些部位则长着绒毛

眼眶宽 10 厘米,眼球直径约为 7.5 厘米

前端的牙齿用于咬住和撕扯猎物的肉,侧面和后方的牙齿则用于咬断和切削肉块

迷你但有力的前肢,在抓取猎物和自己摔倒需要翻身的时候可能会用到

你知道吗? ←

··

霸王龙奔跑的速度最高只能达到每小时 20 千米——远比一辆全速逃跑的家用车要慢(电影《侏罗纪公园》导演请注意这一点)。

约6800万~6600万年前

甲龙（*Ankylosaurus*）

　　身披厚厚的装甲，甲龙的防御力完全不逊色于现代陆军的坦克。甲龙的表皮下有骨板支撑，这种皮下的骨质沉积物也就是所谓的"皮内成骨"。不过，大多数捕食者甚至都摸不到这些护甲——甲龙的尾巴上长着一个致命的棒槌，左摇右摆，十分吓人。你可能会觉得浑身都是凶狠兵器的甲龙大概是一种可怕的掠食动物，然而事实上它是一种植食性恐龙，这些武器都是它自卫的工具。甲龙的口腔只在后部长着许多叶片状的牙齿，而前端则是一个角质的喙，用来在地里刨食植物。甲龙可能是依靠发酵的方式来消化食物的，就像在消化道里酿酒一样。

发达的嗅觉中枢（嗅球）造就灵敏的嗅觉

宽大的喙便于大口哨食低矮的草本或者其他植物

甲龙资料包

名字的含义：
坚硬的蜥蜴

生活年代：
白垩纪晚期
（约 6800 万 ~6600 万年前）

体型：
身长 7 米，身高 1.7 米，
体重 7 吨

发现人：
1906 年，由巴纳姆·布朗发现

食性：
低矮的植物

化石出土地：
美国、加拿大

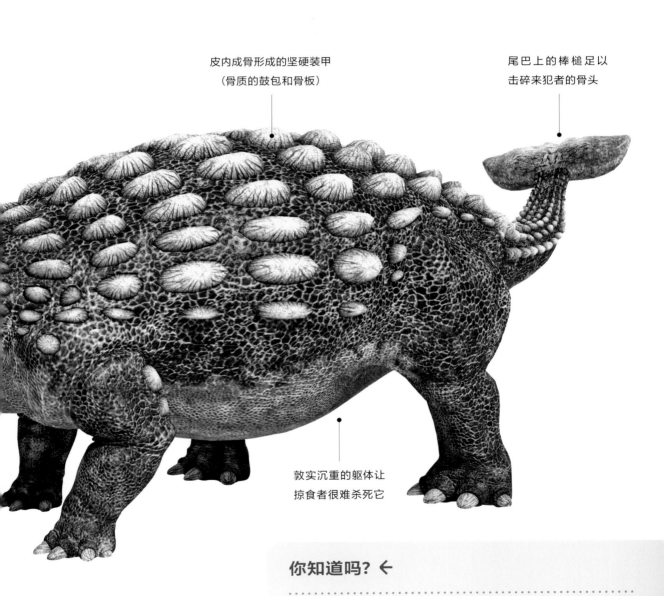

皮内成骨形成的坚硬装甲
（骨质的鼓包和骨板）

尾巴上的棒槌足以
击碎来犯者的骨头

敦实沉重的躯体让
掠食者很难杀死它

你知道吗? ←

. . . .

在被发现的甲龙化石中，70% 都是四脚朝天的姿势。这是因为
甲龙的背部沉重，在尸体沉入海床时很容易被水流翻覆。

约6800万~6600万年前

三角龙（*Triceratops*）

　　三角龙的名字来源于它巨大的三支犄角——两支较大的位于眼睛上方，一支较小的位于鼻子上方。"三角龙"的字面意思是"长着三支角的脸"。除了明显突出的三支角外，三角龙的头颈部还有一面巨大的骨盾，上面长着许多向外突出的尖骨。这面头盾不仅能用来防御捕食者，或许还有吸引配偶的作用。三角龙的其他武器，比如一个位于嘴巴前端、没有牙齿的喙，牙槽内密集的备用牙以及钻石形状的成牙等，都是它争夺配偶的资本（就像公鹿在发情季节的情况），也是它对抗如霸王龙等捕食者的手段。三角龙的化石上偶尔可见咬痕或者折断的角，可见它们还是会时常沦为掠食者的盘中餐。

一面沉重的骨质头盾，上面长着许多突起的骨刺，头盾伸出头颈后方 1 米有余

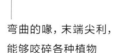

弯曲的喙，末端尖利，能够咬碎各种植物

甲龙资料包

名字的含义：
长着三支角的脸

体型：
身长 9 米，身高 3 米，体重 5500 千克

食性：
低矮的灌木，如蕨类

生活年代：
白垩纪晚期
（约 6800 万 ~6600 万年前）

发现人：
1888 年，由约翰·贝尔·海彻尔
（John Bell Hatcher）发现

化石出土地：
美国

约6600万年前

白垩纪—第三纪生物大灭绝事件
（Cretaceous-Tertiary mass extinction event）

这可能是最广为人知的生物大灭绝事件。一颗小行星撞击了地球，随后全球性的火山运动接踵而至，灾难杀死了所有的恐龙以及大约75%的地球物种。幸免于难的鸟类和哺乳动物继续演化，成了今天陆地的主宰。

5

恐龙的

霸主岁月

生命简史：从分子到人类

5 恐龙的霸主岁月

科学家一直认为蛮力是恐龙崛起和称霸地球的主要因素，但是随着证据的不断积累，现在他们有了新的见解。

中生代——地质史上一段跨度很大的时期，从距今2.5亿年前到6600万年前——有一个更为人所熟知的名称：恐龙时代。过去，科学家们曾认为恐龙之所以能称霸地球，完全是凭借它巨大的体型和惊人的蛮力。不过，这种观点现在越来越站不住脚，而使其动摇的依据是一种在20世纪60年代被发现的早期大型恐龙——埃雷拉龙（*Herrerasaurus*）。在埃雷拉龙之后的化石中，不乏类似的证据和发现，它们可以驳斥恐龙"以暴制暴"的生存之道。在现在看来，恐龙的成功似乎更像是一种侥幸。

恐龙时代是怎么开始的？这个问题从来都不容易回答。人们对生活在中生代开端——三叠纪——的生物的认知始于19世纪。不过当时发现的生物化石，包括以两足行走的掠食动物腔骨龙（*Coelophysis*），以及杂食性、长着长脖子的板龙（*Plateosaurus*）等，基本都生活在三叠纪的末期，也就是大约2.1亿年前。这些恐龙的体型一般较大，身长普遍在三四米以上，头骨的结构较为复杂，这些特征说明它们在恐龙的系谱上属于进化得较为高等的种类。而为了解释恐龙的崛起之路，我们需要更古老、更原始的恐龙化石。这部分证据的缺失曾让研究恐龙称霸之路的科学家们一筹莫展。

对页图：
一个出土于南美洲巴塔哥尼亚地区的埃雷拉龙头骨化石。

生命简史：从分子到人类

上图：
埃雷拉龙是最早出现的恐龙之一。
它有一个平滑的下颌，很适合捕猎。

比古老更古老的发现

　　直到1963年，埃雷拉龙的发现才为我们打开了一扇能够一睹最古老恐龙尊容的窗户。首次发现埃雷拉龙化石的地方位于阿根廷西北部的伊莎瓜拉斯托（Ischigualasto）国家公园，该国古生物学家奥斯瓦尔德·雷格（Osvaldo Reig）博士曾带领团队在当地研究这种年代久远的古老恐龙。1959年，伊莎瓜拉斯托当地一个名叫维克托里诺·埃雷拉（Victorino Herrera）的农夫发现了一种恐龙的化石。后来，雷格博士就把新发现的这种化石命名为"埃雷拉龙"，以作纪念。这些化石来自三叠纪晚期的岩层，在地质年代上属于三叠纪晚期的开始阶段，也就是距今大约2.3亿年前。雷格隐约意识到埃雷拉龙是一种掠食动物，但是手头的遗骸化石非常零碎，不足以让他准确地重构化石主人生前的外貌和生活习性。

　　1988年，芝加哥大学的保罗·瑟里诺（Paul Sereno）博士和同事们一起在雷格博士当初发现埃雷拉龙的地方重新进行了一次发掘工作，找到了更多、保存更好的化石。多亏这些新发现的成果，我们才能知道埃雷拉龙的长相：双足行走、狭窄的吻部、向后倒勾的牙齿（猎物一旦被咬住很难挣脱），还有五指的前掌，且每个前掌内侧的三个指上分别长着巨大的尖爪。埃雷拉龙的身材魁梧，身长可达4.5米，大约相当于一辆中型车的尺寸，体重可能有200千克。直到今天，埃雷拉龙都还是已知最古老的大型恐龙。如果放在强者如云的侏罗纪和白垩纪（中生代三叠纪后的两个时期）看，身长4.5米的埃雷拉龙根本算不上"大"；但是在地球刚刚进入三叠纪晚期时，埃雷拉龙无疑是恐龙中的庞然大物。

　　1991年，瑟里诺博士和同事们在伊莎瓜拉斯托发现了另一种新恐龙，后被命名为"始盗龙"（Eoraptor）。始盗龙的外形更接近典型的三叠纪恐龙，或者说，它是目前已知的三叠纪恐龙的典型代表。始盗龙全身的构造都凸显了轻快的特点。三叠纪恐龙大多是杂食性，取食低矮的植物，而且善于隐藏自己的踪迹。这些"害羞"的恐龙在分类学上属于多个不同的分支，据此我们可以认为，娇小的体型和低调的习性是早期恐龙普遍具有的特征。

生活在三叠纪的早期恐龙不是"独霸天下"。恐龙属于爬行动物里一条名为"初龙类"的大分支。在三叠纪早期，初龙类分化出了后来成为恐龙的一支，其中的某些成员最终演化为现代鸟类；另一支分化为鳄鱼和鳄鱼的近亲——它们分别是初龙类的"鸟类分支"和"鳄类分支"。

初龙类鳄类分支的一些成员是三叠纪时期的顶级捕食者。它们的身长可以超过5米，能跟埃雷拉龙这样的陆生动物打得有来有回，不落下风。事实上，许多属于鳄类分支的三叠纪初龙物种，不管是身体的外形，还是生活的习性，都与大约5000万年后的恐龙十分相似。

与此同时，哺乳动物的祖先也在偷偷繁衍生息。哺乳类的祖先是合弓动物，当时合弓纲的典型成员包括一些娇小、长毛、外形酷似现代哺乳类的动物；长着长牙、体型如猪大小的植食性动物；还有一些杂食性或者肉食性的物种，大小如现在的獾和鼠。20世纪的大部分时候，科学家都相信恐龙在力量上碾压了同时期的鳄类生物以及合弓类动物。在过去的想象中，恐龙、鳄类和合弓类的各个物种曾在三叠纪的大地平原上群雄逐鹿，而最后，双腿颀长、竖直站立、前爪尖利且反应迅捷的恐龙赢得了这场物种进化的"三国之争"。按照这种推测，鳄类的祖先们在输掉与恐龙的"军备竞赛"后不得不放弃了陆地，这才有了今天委身于泥塘和湖沼的鳄鱼——三叠纪的输家不得不永世在陆地上的水洼里苟延残喘。

上图：
一名艺术家凭借想象描绘的始盗龙。

可是这样的假说逐渐过时，新的发现让上述的情景变得更复杂了。"恐龙是初龙类的一条独立分支"，或者"恐龙与合弓动物完全没有亲缘关系"，这些说法已经越来越不合理。更有可能的情况是，早期的恐龙其实是一种谨慎害羞的动物，它们并没有在演化上弯道超车，更没有一夜之间就变成战无不胜的杀戮机器。

霉运连连

从2003年开始，世界各地不断有恐龙形类（dinosauromorph）的化石被发掘——恐龙形类是初龙类下的一个分支，它们既是恐龙和现代鸟类的祖先，也曾在三叠纪与早期的恐龙共存过数百万年时间。从新出土的化石看，生活在同一时期的恐龙与恐龙形类并没有明显的特征差别，可见体型巨大的恐龙并不是突然取代了相对较小的恐龙形类，两者无论是体型、习性、食性还是在生态系统中的位置，都是一脉相承：恐龙是从营猎食和杂食的恐龙形类慢慢演化而来的，可以说是"悄悄"地出现在了地球上。如果客观看待迄今为止的化石记录，其实并没有什么恐龙必然会崛起的依据或理由，而且正好相反，三叠纪其实是鳄类的天下。那么，后来到底发生了什么事，让原本体型娇小、生性害羞、只能给其他物种当配角的恐龙，变成了后来统治地球的主宰呢？

最有说服力的推论建立在两场发生在三叠纪末期的大规模生物灭绝事件之上。科学家认为这两场浩劫把当时势均力敌的大型合弓类和鳄类赶尽杀绝，让剩下的恐龙异军突起，占领了劫后的世界。

第一场灭绝事件发生在大约2.2亿年前。许多大型的合弓动物，还包括许多非恐龙的爬行类以及众多海洋生物，都未能幸免。在古生代和中生代初期，现今所有的大陆本是一体，科学家称其为"盘古超级大陆"（Pangaean supercontinent）。盘古大陆在三叠纪开始分裂，引发了大陆内的气候变迁，许多地区因此出现了持续干旱。科学家认为，地形和气候的改变影响了各地的植被和降水，进而引发了多米诺骨牌式的生态后果。

第二场灭绝事件则发生在三叠纪末，大约2亿年前。灾难似乎在短时间之内导致了全球动植物种群的剧烈变迁。这场灾变最有可能是因为小行星的撞击。而6600万年前，也极有可能是另一颗小行星使恐龙从地球上完全消失，而鸟类作为恐龙的分支得以幸存。

位于加拿大魁北克的曼尼古根陨石坑（Manicouagan Crater）很可能是三叠纪那场天地大冲撞遗留至今的实证。据估计，曼尼古根陨石坑是由一个直径大约5千米的物体撞击留下的，按照这个尺寸推算，它所造成的冲击已经足以扰动全球的生态系统。在加拿大西部、法国、乌克兰以及美国的北达科他州，都有与曼尼古根陨石坑年代相近的陨石坑，这说明在同一个时期内，地球曾经历过一连串密集的小行星撞击事件。

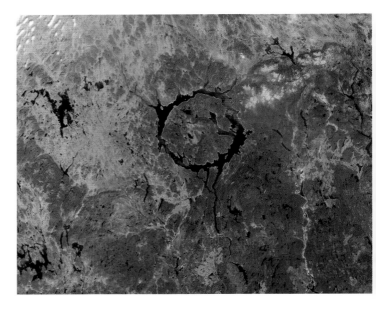

曼尼古根陨石坑形成于距今2.14亿年前，早于发生在三叠纪末的第二次生物灭绝事件，但它仍然是研究该灭绝事件的重要证据。比如，科学家发现在大约2亿年前，曼尼古根陨石坑地区曾有过一段蕨类植物大量繁衍的时期。众所周知，当其他植物种群被大量抹除时，蕨类往往是最早开始大行其道的植物。这暗示2亿年前曾发生过第二次导致植被大量死亡的天体撞击事件。还有一个争议较少的事实是，在三叠纪末，盘古大陆的

北部发生了频繁的火山运动。剧烈的火山喷发导致了全球变暖和生态系统的崩溃。

登堂入室

两次灭绝事件发生后，恐龙的种群变得空前繁荣——今天，我们可以看到在那个年代的岩层中有50%的脚印化石都是恐龙留下的。不仅如此，恐龙脚印的尺寸也在那个时期发生了改变，几乎有从前的两倍大。而原本横行陆地的鳄类，由于生活在开阔地带，又身居食物链顶端，大灾变对它们产生的负面影响显然比体型娇小、生态适应力更强的恐龙要大得多。从化石记录中可见，整个鳄类族群的生存情况在灾难发生前勉强凑合，但在其后就急转直下，以至于到了销声匿迹的地步。

如果真是这样，那么恐龙之所以能走上称霸之路，只是因为它的竞争者们通通消失了。倘若没有两次大灭绝事件的发生，那么中生代可能就是鳄鱼时代而非恐龙时代了。在发现埃雷拉龙60多年后的今天，恐龙似乎不再让人敬畏如往昔——因为当初这些地球霸主可能不是因强大而活着，它们只是幸运罢了。

如果恐龙的对手们没有灭绝会怎样？

如果灭绝事件没有发生，恐龙无机可乘，那么后来地球上会发生什么呢？

生命简史：从分子到人类

首先，初龙中属于鳄类分支的物种将继续作为生态系统中的顶级掠食者，营水陆两栖生活的现代鳄鱼就没有机会出现了。恐龙以及其他后来进化成鸟类的初龙动物只能一直作为配角苟且偷生，也许永远无法进化成庞然大物。大行其道的鳄类初龙将占据自然界绝大多数的生态位，只给恐龙留下很窄的生存空间，许多我们现在知道的恐龙将不复存在，因为它们从来没有出现过。出人意料的是，恐龙的缺席将导致鸟类不复存在，因为鸟类的起源有赖于某些肉食性恐龙的出现及其进化上的成功。

那么哺乳动物呢？我们很确信的是，一些小型的穴居、水生和攀爬动物依然会出现在中生代，为了生存，它们会尽力避开鳄类的注意。至于大型的哺乳动物，比如鲸鱼、羚羊和人类，它们只能寄希望于6600万年前那颗灭绝恐龙的小行星也同样能令鳄类灭绝。

假使白垩纪末期的那颗小行星当真毁灭了鳄类，哺乳动物可能还要面临与同样幸存下来的小型恐龙的竞争。双方将在体型大小上展开激烈的演化竞赛。不过，就算大型恐龙不可避免地登上了历史舞台，人类的崛起和称霸之路也依旧不是天方夜谭。兴许像当今的农业一样，我们能找到什么办法驯化和圈养这些庞然大物，让它们为我们所用呢！

左图：
在初龙中的鳄类（左上方）和早期哺乳动物（右下方）的双重攻势下，恐龙（右上方）还是异军突起，最终站上了生态系统的顶点。

6

恐龙竟↓什么样

今天，许多人对恐龙的外貌已经不以为奇。但是把化石的线索精确还原为实物并不是容易的差事，这耗费了科学界数个世纪的努力和研究。

时间回到2015年的10月，科学家从美国南达科他州距今6600万年的地狱溪岩层（Hell Creek formation）里发掘出了一种新恐龙。没过多久，一种双足行走、全身披着羽毛的掠食恐龙的彩色图片就在世界各地流传。这种恐龙被命名为"达科他盗龙"（Dakotaraptor）。发掘它的专家们推测，它的第二个后脚趾上有一个巨大的、镰刀状的爪子，而身高略高于人类。倘若如此，达科他盗龙就是目前已知的体型最大的驰龙科（dromaeosaurs，意为"迅捷的强盗"）成员——伶盗龙也是驰龙科的成员。

许多人会用理所当然的眼光看待恐龙的外形，却不曾想过还原工作的原理和依据。那么，科学家们还原的恐龙形象和现实到底相差几分，他们又是从何得知恐龙样子的呢？

看到化石并想象化石主人的模样，这种事最早发生在史前。中国的古籍里有很多关于龙的描述，有的甚至可以追溯到公元前1100年，这很有可能是古人看到恐龙的化石后产生的联想。无独有偶，希腊神话中有一种身体半狮子半秃鹫的生物——狮鹫，它的原型可能是长着喙的原角龙（Protoceratops）化石。

古代人面对外形奇特的骨头，他们的反应和做法可以说与今天的我们别无二致：即用当前所知的全部常识想象化石主人的模样。受限于知识的积累，错误也在所难免。历史上第一个发表在出版物上的恐龙化石名称是"Scrotum humanum"（字面意思为巨人的阴囊），它是英国医生理查德·布鲁克斯（Richard Brookes）在1763年为一块化石所取的代号，那

　　　　　生命简史：从分子到人类

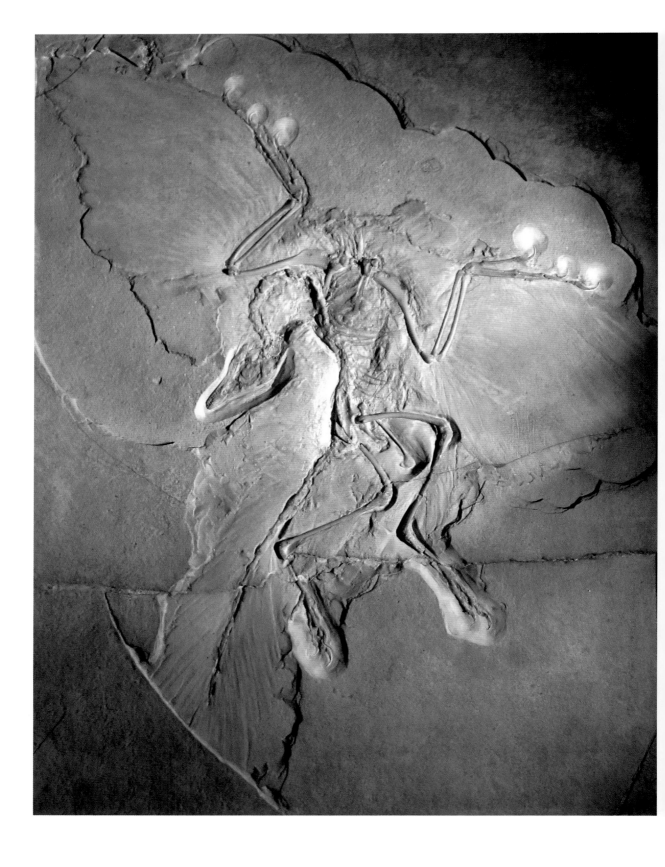

生命简史：从分子到人类

块化石其实是一块破碎的股骨头，而布鲁克斯则相信它是《圣经》里巨人死后留下的睾丸。我们现在已经知道它其实属于一种被称为斑龙（*Megalosaurus*）的恐龙——1824年，威廉·巴克兰（William Buckland）正确鉴别出这是一种已经灭绝的爬行动物，并为其命名。尽管犯了错误，但是你不能对布鲁克斯的结论过于苛责，因为直到1842年，"恐龙"才在生物学上正式成为一个单独的门类：当时担任大英博物馆自然史分区（后独立为伦敦自然博物馆）监事的理查德·欧文（Richard Owen）整理和鉴定了一批新发现的化石，他意识到它们属于一类长相奇特且已经灭绝的生物，于是将其命名为"恐龙"。

欧文曾设想过禽龙、斑龙和林龙的形态，认为它们与现代的蜥蜴和鳄鱼类似，是四肢外撇、长着鳞片、皮肤呈灰色或者绿色的爬行动物。时至今日，过去我们对恐龙长相的看法已经被彻底推翻重来，而这很大程度上要归功于20世纪60年代一种出土于美国的恐龙——恐爪龙（*Deinonychus*）。耶鲁大学的约翰·奥斯特伦姆（John Ostrom）基于对恐爪龙的研究，提出了几条颇具革命性的观点：恐爪龙是一种外形似鸟、动作迅捷的温血恐龙；它们成群狩猎；赞同鸟类是恐龙后代的假说。奥斯特伦姆的观点在1996年得到了新证据的支撑，当年，世界上第一种长羽毛的恐龙——中华龙鸟（*Sinosauropteryx*）——在中国出土。

前页图：
中华龙鸟生活在大约 1.26 亿年前，它的栖息地在现今的中国东北部。

左图：
举世闻名的始祖鸟化石，号称"世界上的第一只鸟"，目前收藏于柏林自然博物馆。1861 年，赫尔曼·冯·迈尔（Hermann von Meyer）在德国南部市镇索尔恩霍芬的石灰岩岩层里发现了这块几乎完整的始祖鸟化石，一起出土的还有一块羽毛化石。

查漏补缺

知识和经验的积累，让如今的古生物学家们在还原新化石的外貌时显得游刃有余。不仅如此，在数十年基础研究的厚积薄发后，科学家甚至能推测出某些恐龙身上羽毛的颜色。

所有恐龙化石还原工作的第一步都是研究它们的骨骼。如果古生物学家们足够幸运地获得了一副完整的骨架，他们就能根据现代鸟类、鳄鱼甚至是人类的骨骼结构，把恐龙化石拼接还原。一旦骨架成型，恐龙的大致轮廓就显而易见了。

不过，完整的恐龙骨架往往可遇不可求。大多数的化石标本都是不完整的，不是缺了这块就是缺了那块；而只能盲人摸象、依靠零星遗骸碎片辨认的恐龙物种更是数不胜数。在这种骨架不完整的情况下，我们可以通过参考其他恐龙的化石标本，人为补足缺失的部分；而如果缺失的部分实在太多，横向比较依旧于事无补，专家们会参考与恐龙有亲缘关系的生物，以求得答案。

对许多现代物种详尽的解剖学研究（这个学术领域被称为"比较解剖学"）在这时候就派上了大用场，而且事实上，许多研究恐龙的科学家往往也是非常优秀的解剖学家。对那些经验丰富的人来说，他们能从骨骼上的蛛丝马迹里挖掘出有关化石主人的海量信息。比如，绝大多数恐龙和鸟类（鸟类的祖先在分类学上属于恐龙总目下的兽脚亚目）的盆腔上有一个穿孔的髋臼窝——它是股骨（大腿骨）上端与盆腔相接的位置。有孔髋臼是恐龙独有的特征之一，它让恐龙能够做出四肢竖直立于躯干之下、腿部笔直的站势，而不是像许多现代爬行动物一样以外撇的四肢支撑身体。根据臀部关节的特征，科学家还把恐龙分成了两个类：鸟臀类（ormithischians）和蜥脚类（saurischians）。

兽脚亚目的恐龙可以统称为"兽脚类"（theropods），它们是一类肉食性的蜥脚类恐龙，较为知名的成员如霸王龙、异特龙和达科他盗龙。兽脚类恐龙的化石有许多值得深挖的特征，包括充满气囊的中空骨骼和后脚上退化严重的第四趾和第五趾等。鸟类的祖先手盗龙类（Maniraptorans，也属于蜥臀目）则有更多的独特之处：它们有一块不同寻常的腕骨，被称为"半月形腕骨"。这个特殊的腕关节让手盗龙能够更灵活地用前肢抓取猎物，它可能为后来鸟类翱翔天空打下了基础。

研究骨骼只是一个开始，研究肌肉也是重构恐龙外形的重要方面。比如，蜥脚下目的恐龙——腕龙和梁龙（Diplodocus）等——如果没有脊椎骨之间大块的盘状肌肉，它们的身长势必会"缩水"。还原恐龙的肌肉需要参考现有动物，比对它们肌肉的位置和形态。石化的骨骼上通常遗留着"骨疤"，这是肌肉在骨骼上的附着点，它们是还原肌肉时的另一个重要参考：因为一般而言，现存动物的体型越大，骨骼上肌肉的附着点也就越明显。据此，我们就需要在还原恐龙的时候添加与它们庞大体型相称的巨型肌肉。

对恐龙解剖结构更细致入微的研究有赖于计算机3D建模技术的发展。如今，计算机可以依据现存动物的生理数据对灭绝动物的结构进行估算和推测。虚拟的生物力学模型在古生物学中的应用日渐广泛，古生物学家常用它们模拟恐龙的行走或是上下颌的运动，验证相关的猜想。

还原工作的最后一步是在骨骼和肌肉的外面盖上脂肪和皮肤，而皮肤之外还有鳞片、羽毛、护甲、头冠以及其他的体表结构（如面颊、嘴唇、爪子和喙）。出人意料的是，这些体表结构的还原也有据可循。不少恐龙的体表特征甚至超出了研究人员的预想，典型代表如植食性的埃德蒙顿龙和栉龙

上图：
图片是一个艺术家假想的始祖鸟形象。

（Saurolophus）。鳞甲化的皮肤在植食性恐龙的化石中十分常见，这不禁让科学家们相信绝大多数植食性恐龙的体表长的是鳞片而不是羽毛（不过凡事都有例外，也有一些植食性恐龙的体表长着羽毛或者其他的羽毛衍生物）。

另外，我们也知道某些植食性恐龙——尤其是甲龙——浑身长满了骨板、骨刺和骨包。这种皮下的骨质沉积现象被称为"皮内成骨"，它很容易反映在化石中，使我们对恐龙原本的外貌有了很好的认识，棱背龙（Scelidosaurus）就是一个很典型的例子。

就植食性恐龙而言，头骨里往往还有不少值得探究的特征性结构。鸭嘴龙颌骨的后端长着大型的磨牙，据此可以推测它在吞咽食物之前会细细地咀嚼植物，所以它鸭嘴形的吻部外很可能长着两颊，帮它在咀嚼时兜住口中的食物，以防漏出。而在其他一些植食性恐龙里，比如原角龙、三角龙和窃蛋龙（Oviraptor），我们能从化石上看到喙的骨性部分，而如果是在活生生的恐龙身上，想必如同现代的鸟类，骨喙的外部应该包有一层角蛋白。角蛋白是一种质地坚韧的成分，它也是羽毛、毛发、绒毛和指甲的主要成分。那么恐龙有嘴唇吗？这个我们目前还无从得知，各种理论莫衷一是。

毛茸茸的兽脚类

与植食性恐龙不同，许多肉食性的兽脚类恐龙很可能身披羽毛。在保存完好的化石样本中，有将近50个物种——其中大部分出土于中国的东北地区辽宁省——身上有羽毛或类似羽毛的覆盖物，从隔热保暖的短小绒毛（"恐龙毛"）到鲜

上图：
甲龙的全身都有骨板、骨刺和骨包覆盖，它们是所谓的"皮内成骨"的产物。

艳招摇的靓羽，再到帮助飞翔的飞羽，形形色色。有的化石保存得非常好，甚至能直接看出羽毛的形状和它们在全身的排布方式。

虽然目前大多数有羽毛的恐龙都出土于中国境内，但是鉴于它们在恐龙谱系上的广泛分布，我们有理由推测在全世界各地应该还能找到许多长有羽毛的兽脚类恐龙。辽宁火山岩层是保存化石的理想环境，它无疑是一扇令人惊喜的窗户，让我们得以一窥有羽恐龙的风采。

除了直观的羽毛化石，有时候我们还可以借助一些间接证据证明羽毛的存在，例如伶盗龙前臂骨骼上的特殊痕迹。现代鸟类（如鸽子）的飞羽是由韧带连接到骨骼上的，韧带与骨骼连接处的小突起被称为"羽茎瘤"（quill knobs），而伶盗龙前臂上的痕迹与之类似。蒙古国出土的伶盗龙前臂上有类似羽茎瘤的痕迹，正是这个线索让科学家们猜想，也许所有伶盗龙属成员的前臂上都长着一个小"翅膀"——这种猜测后来在中国境内出土的振元龙（*Zhenyuanlong*）身上得到印证。此外，科学家在达科他盗龙化石的前臂上也发现了羽茎瘤。

不过自1996年中国发现中华龙鸟之后，学界已经逐渐形成了一个共识，即长羽毛的肉食性兽脚类恐龙其实并不会飞行——这是因为它们要么没有完全成型的翅膀，要么就是翅膀的形状与飞行的功能不符。古生物学家因此意识到，羽毛的出现最初是为了满足别的需要，只不过后来衍生出了飞行的功能。

与今天我们熟知的任何种类的羽毛相比，这些远古动物身上所谓的"羽毛"构造其实非常原始和简单，很有可能只是为了起到隔热保暖的作用（类似小鸡身上的绒毛）。"首先，恐龙体表的羽毛并不都具有复杂的结构——有的仅仅是一层简单的绒毛而已，"伦敦自然博物馆的古生物学家保罗·巴雷特（Paul

Barrett）博士如是说，"有羽恐龙的体型不大，但是非常好动，它们的基础代谢率偏高，而保暖的绒毛可以帮助它们减少热量的散失，节约能量。"

羽毛在御寒保暖上大获成功之后，逐渐演化出了其他的作用。2007年，中国科学院的专家在内蒙古发掘到了一种体型与天堂鸟相当的新恐龙，他们将其命名为"耀龙"（*Epidexipteryx*）。耀龙的英文名取自希腊语，意为"炫耀羽

上图：
从耀龙的化石推断，它是一种会用羽毛吸引异性交配的恐龙。

毛"。发掘者在2008年一篇发表于《自然》杂志的论文里提到："装饰性的羽毛被用于发送一些对鸟类至关重要的行为信号，尤其是它与求偶行为有关。耀龙（尾部）羽毛的主要作用极有可能是为了向同类炫耀以及传递信号。"

从耀龙的化石里可以看到它有4根绸带似的长羽毛。很可能像今天的天堂鸟一样，耀龙通过挥动和摆弄这几根长长的羽毛，用舞蹈吸引异性的注意。耀龙的长相几乎可以用怪异来形容，而它那些华而不实的羽毛恰恰是恐龙会用羽毛求偶和炫耀的可信例证。

除了耀龙之外，其他前肢和尾巴上长着大型"毛羽"（由倒生的羽小钩组成羽片，再由羽片对称排布在中心羽干上组成的羽毛，是鸟类羽毛的主要类型之一）的恐龙显然也是搔首弄姿的行家里手。

能够证明羽毛对恐龙来说是一种装饰性物品的最好证据可能来自一项2013年的研究，参与者包括加拿大阿尔伯塔大学的菲尔·柯里（Phil Currie）和斯科特·帕森斯（Scott Persons），以及美国自然博物馆的马克·诺维尔（Mark Norell）。窃蛋龙的喙很像现在的鹦鹉，这种杂食性兽脚类恐龙的尾巴上有一块"尾综骨"，它呈刀刃样，是由尾部数块脊椎骨融合而成的。研究的参与者们分析了5种窃蛋龙尾综骨的肌肉附着点，尽管看上去粗短，但是研究者认为尾综骨能在其上大量肌肉的牵动下摆出多种多样的姿势。研究的结论是，雄性窃蛋龙很可能就像现代的火鸡或者孔雀一样，是个非常自傲的求偶舞者。

至此，有相当充分的证据以及合情合理的理由可以说明羽毛最初的作用是为了保暖和求偶，那么飞行的功能是怎么来的呢？前肢和尾巴上的羽毛原本是为了炫耀和求偶，但是与此同时，它们也增加了额外的受风面积。可以想见，这给恐龙的跳跃或滑翔提供了一定的升力。以此为基础，自然选择的齿轮开始转动，羽毛对奔跑和飞行的助益成为"适者"们竞争的焦点，直到某一天地球上出现了前后肢都长着羽毛并且生活在树上的"四翼"恐龙，如长羽盗龙（*Changyuraptor*）和小盗龙（*Microraptor*）。

羽衣的传承

　　许多肉食性兽脚类恐龙都身披羽毛，这种说法对古生物学家来说早已不新鲜，而他们新近达成的共识是：霸王龙等巨型兽脚类恐龙只在幼年时期才有羽毛——前提是如果它们真的有羽毛的话。提出这种观点的理由是，巨型动物体温流失的相对速率本就较低，所以它们不需要羽毛保暖。可是，新近发现的几种有羽恐龙却给这种说法的正确性平添了几分变数，这些恐龙都是暴龙的近亲。第一种是由传奇恐龙发掘者徐星教授于2004年在中国辽宁省发现的奇异帝龙（*Dilong paradoxus*）。这是一种生活在1.25亿年前的掠食动物，行动轻巧，体型较小，身长仅大约2米。因为体型不大而且是肉食性的兽脚类恐龙，所以身披羽毛的奇异帝龙倒也没有完全颠覆科学家们以往的认识。

上图：
科学家认为小盗龙长着这样的羽毛。

对页图：
华丽羽王龙体表的大部分都有绒毛覆盖。

　　比奇异帝龙更新奇的是在2012年出土的华丽羽王龙（*Yutyrannus huali*）。这种身长达到9米的肉食性恐龙体表覆盖着蓬松的羽衣，块头几乎与霸王龙一样大。它的化石出土于辽宁省白垩纪早期的岩层中。华丽羽王龙的存在意味着羽毛在恐龙进化上的普及程度可能远超人们以前的估计。截至目前，羽王龙仍是地球上已知体型最大的有羽动物。

　　除此之外，还有一些化石证据指向了其他与恐龙羽毛相关的事实。比如恐龙的羽毛与鸟类的羽毛或许无关，它们在进化时是两个相互独立的分支。孔子天宇龙（*Tianyulong confuciusi*）是一种全身长着短毛的小型双足植食性恐龙。小型、双足、短毛，听上去是不是没有什么奇怪的？特别的地方在于，孔子天宇龙是植食性的鸟臀目恐龙，与肉食性兽脚类恐龙的亲缘关系相当疏远；还有一种鸟臀类恐龙，同时也是三角龙的早期近亲——鹦鹉嘴龙（*Psittacosaurus*），它的体表长着刚毛样的覆盖物，疑似是一种羽毛的变体；另外就是出土于西伯利亚的萨白卡尔古林达驰龙（*Kulindadromeus zabaikalicus*）。这种植食性的鸟臀类恐龙是古林达驰龙的一种，除了身上可能有三种不同类型的羽状纤维外，四肢上还长着鳞片，它是目前证明有羽恐龙不属于恐龙某一个特定分支的最好证据。

甚至还有一种更大胆的猜想，认为恐龙的祖先就已经进化出了羽毛，是它们把羽毛传承给了恐龙以及恐龙的近亲物种翼手龙（一类会飞行的爬行动物）。"就算是翼手龙的羽毛，结构也非常原始。"在北京古脊椎动物与古人类研究所研究有羽恐龙的著名科学家徐星教授如是评价。古生物学家们很多年前就已经知道，许多翼手龙的体表有绒毛样的覆盖物，它的作用很可能是为翼手龙保暖，让它们能在寒冷的高空飞行时保持较高的代谢速率。不过，没有人知道这些绒毛和羽毛的关联究竟是什么，或许它们是完全不相干的进化产物。

左图：
鹦鹉嘴龙身上有刚毛样的覆盖物，也许是羽毛的变体。

对页图：
已知的恐龙羽毛。

中华龙鸟

尾羽龙

近鸟龙

始祖鸟

孔子鸟

并非所有人都认同上述的证据和观点，也有古生物学家对羽毛是"所有恐龙共有特征"的说法不置可否。2013年，皇家安大略博物馆的大卫·埃文斯（David Evans）与保罗·巴雷特博士共同发表了一项研究成果，他们认为没有证据显示羽毛是绝大多数鸟臀类恐龙的特征。"从（鸟臀类的）鸭嘴龙到各种长角的恐龙，我们在化石里看到了许多与它们体表结构和外貌相关的线索，但是对于大部分的鸟臀类，没有证据显示它们的身上长着羽毛。"巴雷特说。他认为原因可能不止一个：也许是因为鸟臀类恐龙的祖先本来有羽毛，只是后来在漫长的演化中，大部分的成员失去了这个特征；也可能是恐龙基因中控制体表衍生物的部分非常容易突变，所以才演化出各色各样的体表结构，像骨刺、骨板以及少数鸟臀类恐龙身上的羽毛，都属于这个范畴。"羽毛只是少数，大部分鸟臀类都长着数量惊人的骨盾和骨刺。"这种理论当然可以解释为什么有的鸟臀类长着羽毛，而有些却长着骨甲。

至此，羽毛起源的问题有了两种可能的解释：第一种，恐龙和翼手龙的羽毛（或者类似的体表衍生物）遗传自某个共同的祖先；第二种，恐龙各色各样的体表结构是其高度遗传可塑性的体现，刚毛、大型羽片、绒毛、短毛以及最终让恐龙翱翔天际的羽毛，它们都是经历长期演化的进化产物。到底哪个才是答案，或者哪个才是我们在试图探讨的问题，相关的研究还在继续，希望我们在这个话题上能尽快有所进展。

古生物学家的调色盘

在古生物学家们努力还原恐龙生前样貌的研究里，艺术家们的帮助功不可没。协助还原恐龙的艺术家们通常有专业的解剖学和古生物学知识，他们需要依据科学实证，指导创作恐龙外形的工作。古生物学家挖出了恐龙的化石，而这些古生物学绘画师则要从古生物学家的脑海中发掘恐龙的形象。

在过去的五年里，恐龙羽毛的颜色成了学界探讨的焦点，而在接下去的几年里，恐龙皮肤的颜色或许将不再是秘密。某些化石在形成之前，史前生物的遗体就已经被风干（"木乃伊化"），在这种情况下形成的化石往往能保留一部分与皮肤外观有关的信息，如鳞片的排布。从一些埃德蒙顿龙"木乃伊"的化石中可以看到，它们的皮肤上很可能有条纹样的图案，因此有数个研究团队正在尝试用电子显微镜观察和分析恐龙皮肤中色素分子的分布。2015年，一个国际科研团队的科学家们使用上述技术，提出史前海洋爬行动物苍龙（mosasaur）长着深色的背部和浅色的腹部。

依据化石还原动物的工作需要借助想象，但绝不是瞎蒙乱猜，它必须以我们积累了数个世纪的知识作为基础。所以你也可以说，现在的我们总是比过去更清楚恐龙真实的外貌。

术语加油站 ←

比较解剖学（Comparetive anatomy）

研究不同物种身体结构异同的学科。比较解剖学为科学家提供了一种手段，即用现存动物的结构推测灭绝生物的外貌。

古生物学（Palaeontology）

以动物、植物和微生物的化石为基本依据，研究史前生命的学科，另外，岩层的年代和其他地质学细节也在该学科的研究范围内。

兽脚类（Theropod）

恐龙分类中成员众多的一类，多数为双足行走的肉食性恐龙，包括霸王龙、异特龙和中华龙鸟。据推测，世界上第一种鸟类应当是在1.5亿年前，由某种兽脚类恐龙进化而来的。

7

进军天空
从恐龙到  鸟类

小盗龙虽然是一种恐龙，但是和
最早的鸟关系密切。

从恐龙到鸟类的演化故事十分引人入胜，如今，最新的发现为这个故事增添了一个有趣的新篇章。

树上停着一个小小的身影，它刚刚美美地吞下了从附近湖面上叼来的鱼，酒足饭饱后，站在树枝上开始臭美地梳理自己绀青斑斓的羽毛。乍看之下好像是一只乌鸦，不过定睛凝神一瞧，那只"乌鸦"的前肢和后腿上都长着巨大的飞羽；身后拖着一条长长的尾巴，末端是排成扇形的羽毛；左右翅尖上各露着一副爪子，脑袋上长的是满口牙齿的上下颌，如此牙尖爪利——乌鸦可不长这样。

这幅景象其实出现在距今1.25亿年前，白垩纪早期的中国。我们正高高地站在一片史前森林的树冠之上，而那只似鸟非鸟的动物其实是一种名叫"小盗龙"的四翼（前肢和后腿上都有羽毛，相当于有四只翅膀）恐龙——它在分类学上属于驰龙属，后者囊括了许多肉食性恐龙，如因为电影《侏罗纪公园》而名声大噪的伶盗龙（电影中使用了它的另一个名称：迅猛龙）。

小盗龙很有可能会靠扇动翅膀飞行或者短距离滑翔。和其他恐龙一样，它们都有羽毛，并且和现代鸟类有非常紧密的联系。近几十年的古生物学新发现显示，有羽恐龙曾在侏罗纪和白垩纪之交为翱翔蓝天做出过许多卓绝的努力，现代鸟类的出现正是得益于此。

在最近二三十年，有关恐龙如何演化为鸟类的新知识爆炸性地涌现，其中相当一部分要归功于这几十年来在中国发现的160多个新恐龙物种。

史蒂夫·布鲁塞特（Steve Brusatte）博士是爱丁堡大学的古生物学家，著有《恐龙的崛起和覆灭》（*The Rise and Fall* of the Dinosaurs），他认为："纵观整个生物进化史，从恐龙到鸟类的演化是我们目前了解最透彻的关键性事件之一，生物体的结构和习性会随环境的改变而发生适应性的变化。这样，无论环境如何变迁，它们总能繁衍生息，而从恐龙到鸟类的演化历程正是其中的典范。"

岩层里的线索

20世纪90年代，绝大多数科学家不仅接受了鸟类是恐龙后代的说法，还认为鸟类应该是当初那些体型较小、身披羽毛，而且会飞行的恐龙的后代。不过这终究只是理论和假说，专家们可以根据手头的证据推论演化的路径，但是谁也说不准我们能否在现实中找到长羽毛的恐龙化石——出人意料的是，这样的化石不仅被人发现了，而且是成堆地出现在中国。

恐龙和鸟类之间存在演化上的联系，最早引发这个联想的线索是1861年在德国发现的始祖鸟化石。随着越来越多始祖鸟的化石出土，人们发现这种生活在1.47亿年前侏罗纪晚期的生物虽然长着带羽毛的翅膀，但它同时又有一条长长的尾巴和满口的尖牙，显然是某种古老的爬行动物。由于这种半鸟半恐龙的特征，从发现和确认之日起，始祖鸟就被冠上了"世界上第一只鸟"的名号。出土于德国巴伐利亚州的始祖鸟化石与当地同时期岩层中的其他小型恐龙之间存在诸多相似之处，这个发现曾轰动一时。

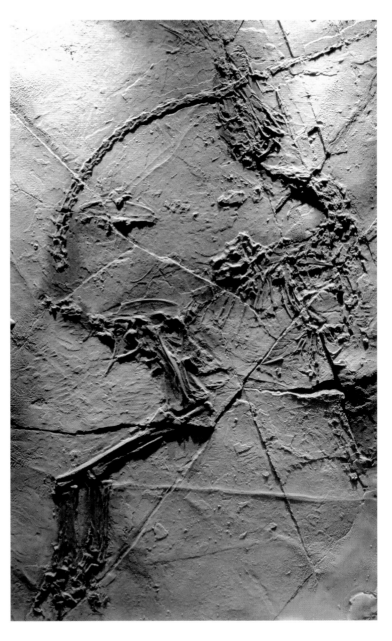

对页图：
始祖鸟是一种兼具恐龙和鸟类特征的生物。

上图：
中华龙鸟的艺术还原图。

右图：
中华龙鸟的化石，这是科学家有史以来第一次发现带羽毛的恐龙化石。

但是，始祖鸟的发现并没有起到一锤定音的效果，决定性的化石证据直到1996年才出现在中国辽宁省。此后，"鸟类起源于以伶盗龙为代表的某些肉食性兽脚类恐龙"的说法才终于成为令人信服的主流理论。辽宁出土的中华龙鸟化石是世界上第一个有羽恐龙的完整样本。在发掘之初，岩层中披着羽衣的龙体清晰可见，震惊了在场的古生物学家。

迄今为止，专家们一共发现和鉴定了50多种有羽恐龙，其中绝大部分的出土地是中国，此外也有蒙古国、德国、加拿大、俄罗斯、缅甸，甚至于马达加斯加。如果再把这些恐龙放到分类学上看，我们可以推断出大多数肉食性兽脚类恐龙都有羽毛。而之所以带羽毛的恐龙化石不常见，或许是因为羽毛化石的形成条件苛刻，而中国恰好有不少能够满足这些条件的远古化石点。

有了这些化石作为证据，从恐龙到鸟类的进化历程就呼之欲出了。"你只要把这些恐龙放到进化树上，自然就能看到一条从恐龙到鸟类的进化脉络，平顺得犹如观看一部高帧的动画电影，"布鲁塞特博士解释道，"当然中间还是有丢帧的地方，某些环节还是缺失的，但是这并不影响我们看清故事的主线和框架：大多数恐龙是有羽毛的，羽毛最初的形态是类似毛发的纤维，它的作用是隔热御寒，而不是飞行。"

以中华龙鸟为例，它浑身上下长着短而细的绒毛，用于保暖，这很可能是羽毛最初出现时的生物学意义。随着时间的推移，本来用于保暖的"棉袄"成了展示魅力的"时装"，典型的代表是身长8米、喙似鹦鹉的巨盗龙（*Gigantoraptor*）。它是窃蛋龙属的成员之一，生活在8000万年前相当于现今蒙古国戈壁沙漠的地方。科学家推测它们会用长在尾巴和前肢上的扇状

羽冠求偶，类似现在的孔雀。

"直到后来，盗龙类的体型变得越来越小，前肢越来越长，这些羽冠上的原始羽毛才进化出了更复杂的羽干等结构。丰满的羽翼最终把这些恐龙送上了天空。"布鲁塞特博士补充说。鸟类的祖先可能只是为了在树与树之间跳跃，羽毛最初的作用是帮助它们攀爬和蹦跳，随后逐渐演变为短距离滑翔。

鸟类的祖先可能是某些外形类似小盗龙或者其亲近物种近鸟龙（Anchiornis）和晓廷龙（Xiaotingia）的四翼恐龙，它们都生活在大约1.6亿年前的侏罗纪晚期，略早于始祖鸟生活的年代。

不管是这些四翼恐龙还是始祖鸟，它们也许能振翅飞行，也许只能短距离滑翔，但是肯定都还无法得心应手地驾驭气流：原因是它们都没有演化出现代鸟类的龙骨突。龙骨突是擅长飞行的鸟类中特化的胸骨，作用是为负责飞行的大型肌肉提供骨性的附着点。

前后肢都长羽毛的四翼结构代表了恐龙尝试飞行的早期阶段，早期的鸟类保留了这个特征——它们的前后肢上都长着巨大的羽毛——今天某些品种的鸡也是如此。

对页图：
长翅膀的近鸟龙的化石，可以看到它的羽毛。

上图：
喙似鹦嘴的巨盗龙。

各显神通

不过在同一时期，其他物种也在通向天空的道路上八仙过海，各显神通。2015年出土的奇翼龙（Yi qi）长着一对巨大的膜翅，它的样子更像现在的蝙蝠而不是鸟类。奇翼龙和耀龙都

有颀长的前肢手指，从眼下的化石证据看，这类恐龙可以说是外形奇特的"恐龙蝙蝠"，不过只有将来更完整的化石出土，我们才能对它们真正的形态盖棺定论。

撇开上面这些还不甚明确的种类，我们非常确定的一点是，有羽恐龙和真正的鸟类曾经同时存在于地球上。换句话说，如果你是一头生活在白垩纪的暴龙，你会看到长着羽毛的恐龙从脚边跑过、从林间跃起，或者飞过你的头顶，而与它们共享同一片天空的则是作为近亲的原始鸟类。

我们还知道，许多被认为是鸟类独有的特征其实起源于恐龙——比如坚硬且无齿的喙，高功能的心肺，优异的色觉，极快的代谢和非常有利于飞行的、充满气孔的轻质骨骼。现代鸟类有筑巢、孵蛋和照顾雏鸟的习性，这些也同样出现在某些兽脚类恐龙身上。2018年，一篇发表在《自然》杂志上的论文指出，恐龙蛋就像现代的鸟蛋一样外形各异，有不同的颜色和斑点。

这样看来，恐龙（与鸟类祖先无关的种类）与鸟类之间的界限变得越发模糊，也许它们之间根本不存在泾渭分明的区别。

"霸王龙不是在某个时刻突然变异成鸡的，演化是一条漫长而缓慢的道路，"布鲁萨特博士说，"恐龙到鸟类的演化是循序渐进的，肉食性恐龙下的某个分支在时间长河里逐渐进化出了一个又一个适合飞行的特征，如此日积月累，直至真正意义上的鸟类出现。"

上图：
奇翼龙的化石，可以看到它颀长、分岔的手指。

对页图：
"恐龙蝙蝠"奇翼龙的艺术还原图。

为什么有些鸟类能幸存至今？

6600万年前的白垩纪末，一颗小行星撞向地球，冲击引发全球性的大灾变，杀死了当时70%的地球物种。体重超过25千克的动物几乎全军覆没。多年以来，针对鸟类为何能在那场灭绝恐龙的灾难中幸存，学界一直争论不断。

有的古生物学家主张喙是鸟类幸存的关键。地球生态遭遇灭顶之灾后，新鲜的植被几乎全部灰飞烟灭，而鸟类能够凭借坚硬的喙打开植物的种子和坚果，勉强维生。还有古生物学家认为飞行的能力在浩劫之后的世界里显得至关重要，因为它让鸟类可以迁徙到更远的地方，能在更广的范围里搜寻食物。

2018年，一篇发表在《当代生物学》（*Current Biology*）上的论文指出，鸟类并不比其他生物更成功，其实大部分白垩纪的鸟类都在后来的那场浩劫里绝迹了。大灾变引发了全球性的森林火灾，从前在林间滑翔和跳跃的原始鸟类也没能幸免于难。

据此，这篇论文的作者认为，虽然绝大部分的现代鸟类都生活在树上，但是它们很有可能是在当初那场灾难中幸存的、某种地栖物种的后代。

左图：
长着一条燕尾的南非食蜂鸟。

恐龙—鸟类系谱图

史蒂夫·布鲁萨特博士和他的同事们在分析了 150 种已灭绝恐龙的 850 个身体特征后，绘制了这张翔实的肉食恐龙谱系图。它展示了一些如今常见的鸟类特征——羽毛、翅膀和叉骨（鸟类和某些恐龙胸前的两块肩胛骨发生了融合，形成一块 "V" 字形的叉状骨骼）——是如何在数百万年的时间里逐个演化出来的。

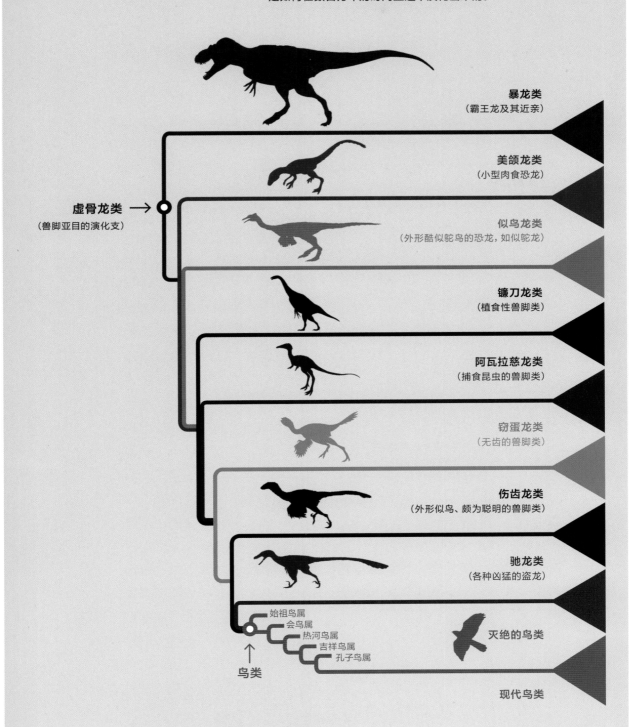

暴龙类
（霸王龙及其近亲）

美颌龙类
（小型肉食恐龙）

虚骨龙类 →
（兽脚亚目的演化支）

似鸟龙类
（外形酷似鸵鸟的恐龙，如似鸵龙）

镰刀龙类
（植食性兽脚类）

阿瓦拉慈龙类
（捕食昆虫的兽脚类）

窃蛋龙类
（无齿的兽脚类）

伤齿龙类
（外形似鸟、颇为聪明的兽脚类）

驰龙类
（各种凶猛的盗龙）

始祖鸟属
会鸟属
热河鸟属
吉祥鸟属
孔子鸟属

↑
鸟类

灭绝的鸟类

现代鸟类

8

恐龙帝国的  覆灭

生命简史：从分子到人类

8　恐龙帝国的覆灭

为了寻找恐龙灭绝的真相，科学家已经成功钻入希克苏鲁伯陨石坑（Chicxulub crater）的深处。他们相信当年曾有一颗小行星坠落于此，终结了恐龙时代。

在外行人眼里，这块从墨西哥湾海床的钻井下乘着升降机缓缓升起、长约3米的40号岩芯[1]样本与其他岩石相比，并没有什么特别之处。但是对于在得克萨斯大学工作的地质学家肖恩·格里克（Sean Gulick）而言，这是一块蕴藏着惊人秘密的石头。它与地球历史上一场毁天灭地的灾难性事件相关。

格里克能从这块岩石里解读出6600万年前发生在地球上的故事。那一天，一颗直径14千米的小行星撞进了大地。野火四起，大地震颤，漫天的尘土笼罩了整个地球。小行星的撞击拉开了生物大灭绝的序幕，此后大约75%的地球物种迎来了自己的末日，其中包括所有不会飞的恐龙。

小行星以每秒20千米的速度冲入地球的大气层，在与地面发生撞击后留下了一个直径约为200千米的陨石坑。时过境迁，这处由小行星留给地球的大地伤疤现在位于墨西哥湾东南部，深埋于尤卡坦半岛（Yucatán Peninsula）之下，而格里克一直在努力挖掘它的内部核心。

2016年4月至5月，格里克在距离尤卡坦半岛30千米的海上钻井平台驻扎了整整两个月。他是第364号科学考察的联合首席科学家，这次科学考察由国际大陆科学钻探计划（International Continental Drilling Program）以及国际大洋发现计划（International Ocean Discovery Program）联合发起，目的是钻探希克苏鲁伯陨石坑。在这个海上钻井平台，格里克的团队成功钻入海床以下1.3千米，并顺利在该深度采得岩芯样本。

译者注：
1. 由于地质勘探或者工程需要，从岩层内部钻出的岩石标本。

对页图：
364号科学考察的成员们在海上建起了一座科考钻井平台。2016年4月和5月，他们耗费两个月时间钻探此处的海床，目的是从希克苏鲁伯陨石坑的深处回收岩芯样本。

打捞出水的岩芯标本从2016年末开始被逐一敲开,接受检测。地质学家、物理学家、化学家和生物学家通力合作,他们把各自领域内的发现拼凑到一起,还原了碰撞发生后数分钟、数小时、数天乃至数年里地球上所发生的事情。

通向毁灭日的钻井

40号岩芯标本的特殊之处在于,它也许能帮科学家解答许多问题,比如当初那颗小行星(也可以说是陨石)为什么如此致命,撞击为什么能产生如此深远的全球效应,还有地球生命是如何在灾后卷土重来的。在此之前,钻探团队采集的39块岩芯标本均来自海床以下500米到620米的深度。"当我们钻到620米的时候,钻头突然碰到满是碎片的岩层。"格里克说。

那是一层厚厚的角砾岩层。所谓角砾岩层,是一种混乱的地质岩层,它通常是在小行星撞击后的短时间内,由被巨大冲击力击碎、融化和破坏的岩石碎块堆砌而成的。"我根本想不到岩层的转变能这么清晰和突然,刚刚还在平平无奇的石灰岩层里,(然后)砰,钻头就钻进了一堆尖锐的角砾岩里,热浪扑面而来。"格里克说。

角砾岩层上方岩层里的微生物化石显得尤为引人注目,因为它们直接而生动地反映了灾后余波下撞击点附近的生命的生存状况。在得克萨斯大学做博士后研究的古生物学家克里斯·洛厄里(Chris Lowery)正是负责研究这些化石的科学家之一。

"有时候夜深人静,我还会躺在床上想,40号岩芯到底能

上图:
从希克苏鲁伯陨石坑中取得的一块角砾岩。

告诉我们些什么，"他两眼泛光地说，"这就是我选择科研的初衷，能够为这样的研究出一份力真是太酷了。"

洛厄里的专业领域是有孔虫（foraminifera）——一类能分泌硬壳的单细胞动物。由于硬壳之外往往会再裹上一层原生质，而不是直接裸露在外，因此有孔虫精美复杂的"外"壳通常被称为"介壳"（tests）。洛厄里的工作是通过研究介壳化石里的成分，尽力还原当时陨石坑内积水的各项属性，比如水的温度、盐度和营养水平。如果能知道这些，就相当于间接地弄清了劫后余生的生物所要面对的世界。

根据其他科学家所作的研究，我们知道小行星的撞击消灭了当时地球上超过90%以上的浮游类有孔虫。能从那场天地浩劫中幸存的种类普遍体型偏小且适应能力强，但是在接下去的10万年里，它们又迅速分化出了几十种不同的新物种。"在地壳底部的这些新发现真是让人兴奋，你能真切地看到有孔虫演化的方向与海水物理特性之间的联系。"洛厄里说。

与此同时，岩芯的碳同位素分析告诉我们撞击对全球的碳循环也造成了影响。碳循环与植被息息相关，而植物又和以它们为食的恐龙有千丝万缕的关系，环环相扣。虽然世界各地都有类似的地质同位素研究，但是希克苏鲁伯陨石坑的岩芯标本多、可供分析的元素含量大，因此能帮科学家们更准确地还原那场导致大灭绝的灾难事件。

藏身地底？

就算是密布尖石碎岩的角砾岩层，甚至比角砾岩层更深的地方，我们都能找到生命的蛛丝马迹——有的微生物已经在这样的地底世界生活和演化了数百万年。

"其实绝大多数的地球生命都生活在地下，"查尔斯·科克雷尔（Charles Cockell）说，他是爱丁堡大学的天体生物学家，"一颗能够毁灭恐龙的巨型陨石势必也会对地下生态圈造成剧烈冲击，尤其是在撞击点。但是这种冲击不一定全是负面的。"

大约10年前，科克雷尔也曾参与过类似的科学钻探研究，他的驻扎地是位于美国东海岸弗吉尼亚州的切萨皮克湾（Chesapeake Bay）。3500万年前，那里也曾是一颗小行星的撞击点，只是规模更小，年代更近。那次撞击导致地下岩层断裂，地表水大量涌入地下，意外造就了一处非常适合微生物生存的环境。"我们在切萨皮克湾的研究发现，岩层在受到小行星的冲击而断裂后，里面的微生物数量不降反升。"

类似的情况可能也曾出现在希克苏鲁伯陨石坑：在小行星冲击下融化的岩石，反而构筑起了一种适合生命繁衍的湿热生态环境。"对微生物来说，角砾岩层积蓄的热水简直就像鸡汤一样营养丰富，"科克雷尔说，"经过角砾岩的层层过滤和富集，热水里几乎包含了微生物繁衍生息所需的一切物质。"

而在位置更深的花岗岩层，冲击造成的岩层裂痕给微生物带来了新的机遇。"在撞击发生的瞬间，热浪和冲击波就像是给大地来了一次天然的灭菌消毒。因此无论是对微生物还是恐龙，小行星撞击的短期效应都是毁灭性的，对任何生命都一视同仁，"科克雷尔说，"但是从长远来看，一次彻底的'消毒'对生命不无益处。"

通过对岩芯的分析，科学家正在推测湿热环境冷却下来的确切时间——只有当环境温度下降到适合微生物生存时，液体中溶解的物质才能作为营养，为它们所用。地球的磁场每过数十万年就会完成一次极性倒转，在希克苏鲁伯陨石坑形成时，地球磁场的极性与当今的正好相反。但是，科学家在希克苏鲁伯陨石坑的岩芯内发现了两种地磁极性（与当今相同的"正常"极性和与当今相反的"倒转"极性）同时存在的证据：岩石里通

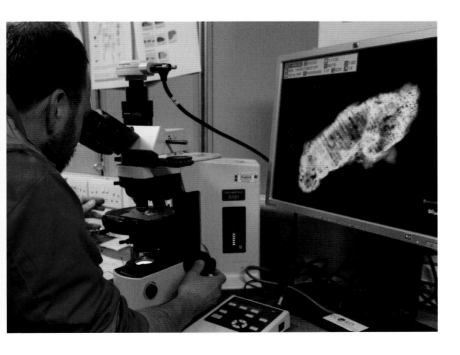

常含有磁性矿物，它们可以在液态的岩石（岩浆）内沿着磁力线的方向流动，而在固体岩石内则不行，因此在岩石熔化和岩浆冷却的过程中，这些磁性矿物就能"记下"地球的磁场方向。科学家据此推断，希克苏鲁伯陨石坑里的岩浆在小行星撞击之后至少维持了30万年，直到地球磁场反转之前都没有彻底冷却。

如果科学家的推测是正确的，那么试想在小行星铺天盖地砸向地球的35亿年前，任何由小行星撞击形成的陨石坑都有可能是孕育生命的潜在温床。虽然科克雷尔也坦言，早期地球表面的风貌与希克苏鲁伯陨石坑形成时的地球生态环境"不可相提并论"，但是墨西哥湾海底这种由微生物构成的灾后生态圈的确有相当的代表性和启发性，地球上最早的生命或许曾面对过与之类似的严酷生存环境。在不远的将来，科学家或许能从对岩芯的研究里发现更多的秘密，比如为了适应角砾岩层的环境，微生物究竟演化出了哪些本领。

深点，再深点

在钻探作业正式启动前几天，一种焦虑而兴奋的气氛弥漫在参与该项目的科学家们之间。"登上钻井平台之前我每天都非常压抑。"乔安娜·摩根（Joanna Morgan）教授承认，她是伦敦帝国理工学院的一位地球物理学家，同时也和格里克一样，是勘探项目的另一位首席科学家。不过当第一批岩芯标本

上图：
你在屏幕上看到的这块小小的"冲击石英"来自希克苏鲁伯陨石坑——石英表面的黑色斑点是陨石撞击导致的变形。

顺利到达钻井平台后，所有的焦虑感彻底烟消云散了。

　　这并不是因为整个勘探活动都进行得非常顺利，相反在钻井开工初期，一段200米长的管道脱落，掉进了钻井底部，导致整个工程被迫终止。"排障清理简直要了人命，整整一周时间里大家都精神紧张。直到后来，我们终于在事故位置的下方采集到了第一块年龄有5000万年的岩芯，大家才总算松了口气。"格里克说。

　　好在除了这个小插曲之外，一切基本如事前计划的那样，按部就班地推进着。一天24小时，一周7天，岩芯标本源源不断地被送到海面。"有时候我们能一天往下钻30米。"格里克说。5月底，随着经费耗尽，钻探工作接近尾声，钻井的最终深度被定格在了海床以下1335米。

　　对于格里克和摩根这样的地质学家而言，越深的岩芯对他们越有吸引力。格里克和摩根认为深层的岩芯有助于研究一种被称为"峰环"（peak ring）的地质结构。所谓峰环，是陨石坑

下图：
撞击发生的瞬间，希克苏鲁伯陨石坑的艺术还原图。内侧的"峰环"是科学家们当下倾注全力的焦点所在。

内一种同心圆形的山峰地貌，它们通常分布在中心和边缘之间的中间地带。格里克说，同样的地质结构也可见于月球、水星和火星的表面，"不过人类至今都还没有去过那些地方，也没有取得过地外峰环的岩芯。"他说。而在希克苏鲁伯陨石坑，科学家们和峰环已经有了一次正面接触。"这是世界上仅有的、保存完好的大型陨石坑，所以对它的研究可以帮助我们还原和理解小行星撞击后对地球产生的影响。"格里克解释说。

有关峰环形成的原因，目前比较流行的理论认为，当小行星撞击地面后，碰撞中心巨大的冲击力将断裂和破碎的岩石向外弹开，岩土随径向的冲击力向外散开，就像波纹一样，直到在距离陨石坑中心较远的某个位置上停止。如果还是不清楚这是什么样的场面，你可以想象一下朝池塘里丢一块石子和由它引起的涟漪。

从外观上看，位置相对更深的岩芯标本就是普通的花岗岩，"但是如果你深入研究，就会发现这些岩石受过严重的内伤，损毁严重，"摩根说，"峰环岩芯表现出了许多异常的物理性质，这是一块坚硬的岩石在那场天地碰撞中被巨大的外力强行折断、震碎，而后飞出数千米远的结果。"

所有岩芯都包含着珍贵的线索，它们正在接受细致入微的研究，一些早期的研究成果已经出炉：小行星的撞击曾经催生了新的湿热生态系统，毁灭性的冲击和高温的陨石坑没能够阻止生命卷土重来的脚步。没过多久，那里又成为地球生命的乐土。

如果针对40号岩芯的后续研究支持上述结论，那就说明我们对小行星撞击地球以及撞击对地球生命造成的后果有了更清晰的认识。

震颤的地球

陨石撞击发生后数小时、数年以及百万年后地球上发生的事件。

数小时后

强烈的地震、高达 300 米的超级海啸、时速超过 1000 千米的飓风以及肆虐的野火，顷刻间就让许多物种灰飞烟灭。

数周后

撞击扬起的尘土加上野火烧剩的灰烬，漫天飘扬。接下去的数年里，遮天蔽日的烟尘阻挡了阳光到达地面。没有阳光，在撞击中幸免于难的植物很快死去。地球上原本的食物网开始分崩离析。

数年后

在小行星撞向地球之前，不会飞行的恐龙本就已经有了式微的苗头，撞击事件则将其彻底断送。就算其中一些种类能侥幸逃过数年前的灾祸，大多也只能苟延残喘。除了绝大部分的恐龙，超过90% 的哺乳动物从此销声匿迹。体型越大的动物受到的打击越致命，而幸存概率最高的恰恰是那些个头没有猫大的小型动物。陆地上的森林和开花植物在阳光不足的环境里艰难度日，而蕨类、海藻和苔藓植物则借机大行其道。

30万年后

许多种类的哺乳动物在撞击事件中成功幸存，依靠不错的种群底子，哺乳动物迅速恢复了元气并步入了演化的快车道。很快它们的物种数量就达到了灾前的两倍。

100万年后

依靠风传播孢子的常绿乔木开始大量回归，而靠昆虫等动物协助繁殖的落叶乔木还要再晚一些才会大行其道。

300万年后

在地球的海洋里，营浮游生活的有孔虫迅速繁衍。有孔虫的繁盛带动了海洋中大部分生态系统的复苏。

1000万年后

幸存的爬行动物快速分化，外形上出现了鬣蜥、巨蜥和蟒蛇的雏形。许多昆虫门类在灾难中幸存。小行星撞击已经过去一千万年，蚂蚁和白蚁的家族分化出了多个种类，蝴蝶又开始翩翩起舞。

1500万年后

绝大多数现代鸟类的祖先经历了快速的演化，在数百万年里分化出了众多分支和种类，其中有数千种一直生活到了今天。

消灭恐龙的真凶？

1980年，诺贝尔物理学奖得主路易斯·阿尔瓦雷斯（Luis Alvarez）和他的团队在恐龙化石突然消失的地层里发现了地球曾被一层薄薄的铱元素覆盖的证据。铱虽然是地壳里最稀有的元素之一，但是在小行星上含量相对丰富，所以阿尔瓦雷斯等人据此推测，当时有大量尘土（里面含有大量从地外来的铱元素）被扬入高空中的同温层[1]，并随大气传遍了全世界。

"扬尘挡住了阳光，黑暗导致植物的光合作用无法进行。"他们在一篇发表于《科学》杂志上的论文里写道。不久，遮天蔽日的黑暗就让生态圈的食物网崩溃了，恐龙也因此覆灭。论文发表十年后的1990年，地质学家认定墨西哥湾的希克苏鲁伯陨石坑是最有可能的撞击地点，全球岩层里广泛分布的铱元素正是落在该处的小行星带来的。

如今，几乎所有的科学家都认同希克苏鲁伯撞击事件给许多物种造成了灭顶之灾，但是与此同时，也有证据显示恐龙的覆灭不单是小行星撞击的结果，许多次生灾害也起到了推波助澜的作用。位于印度中部的德干地盾（Deccan Traps）是现今地球上规模最大的火山地貌之一。科学家至今无法准确推测德干地盾形成的准确时间——最关键的分歧点是，它到底出现在小行星撞击地球之前还是之后——但是无论是何时，有一点确凿无疑：德干火山群释放的火山气体影响了地球的气候，造成了全球性的降温。发生在希克苏鲁伯的撞击很可能引发了一连串事件，如地震、超级海啸、野火、火山运动和酸雨。除了撞击本身之外，所有这些因素加在一起，把当时地球上的爬行类霸主推上了绝路。

译者注：
1. 是指从对流层顶部到平流层中下部的大气区域，由于其温度几乎不随高度而变化，故得名。

上图：
撞击产生的扬尘遮挡了阳光，植物从此被黑夜笼罩，这导致生态系统的食物网逐渐崩溃。

9

最早的 ↓ 哺乳动物

据科学家们估计，现在地球上大约生活着6400种哺乳动物，而在500年前，这个数字至少还要再加上100。哺乳动物的形态各异，从会用尾巴把自己倒挂在树枝上、身长只有5厘米的澳大利亚山袋貂（Australian Pygmy Possum，见下图），到时常出没于印度沿海的泻湖和红树林、悠闲徜徉其中的短吻海豚（Irrawaddy Dolphin），形形色色。不过，种类如此丰富的现代哺乳动物却全都起源于一小群类似蜥蜴的动物，它们出现的时间稍早于2.51亿年前的一次"大灭绝"事件——二叠纪—三叠纪生物大灭绝。那么，包括我们人类在内的哺乳动物究竟是如何走到今天这一步的呢？

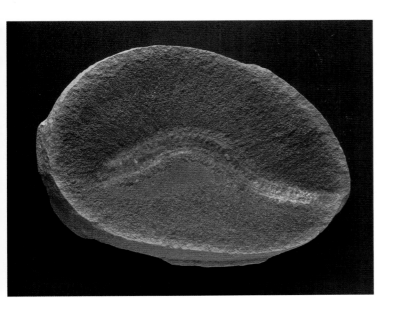

煤炭是驱动今天这个高消耗人类社会的能源，而煤炭形成于大约石炭纪的末期。当时的地球上到处是潮湿茂密的丛林，全球气温略高于现在（据估计，当时地表的平均气温大约20摄氏度）。那时的地球上到处都是一派生机勃勃的景象：长着甲胄的远古鱼悠闲地游弋在海洋里，蜥蜴和鳄鱼大摇大摆地横行在陆地上，昆虫更是族群兴旺——一些体格巨大的千足虫甚至可以长到绵羊那么大。不过在石炭纪结束时，地球的平均气温已经下降到了大约12摄氏度，而在某些相对干燥的地区，一类全新的四足动物开始崭露头角。

作为所有哺乳动物的祖先，世界上第一种合弓动物至少可以追溯到距今约3.1亿年前。虽然合弓动物的外形非常像爬行动物，但是它们并没有直接的亲缘关系。在进化树上，合弓动物和爬行动物已经分道扬镳，各自走上了不同的演化路线。不过，合弓动物也不能算是哺乳动物。那么它们到底是什么呢？

上图：
一种身体分节的蠕虫的化石（学名：*Didontogaster cordylina*）。

右图：
史前千足虫的个头要比它们现代的近亲大得多。

上图：
巨脉蜻蜓（*Meganeura*）是现代蜻蜓的"巨人"近亲，它的翼展可达75厘米。

对页图：
从图中这块出土于美国新墨西哥州的植物化石来看，石炭纪是一个沼泽密布、蕨类植物繁盛的时期。

哺乳动物家族分支图

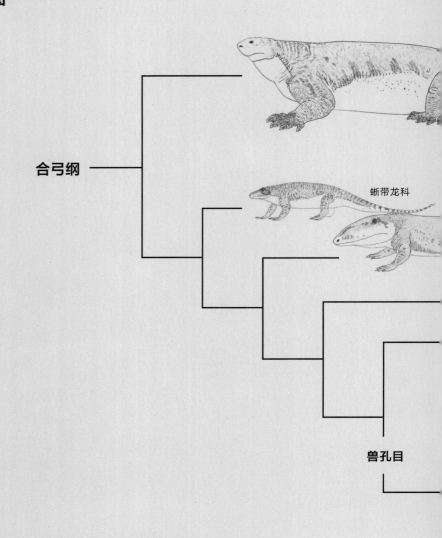

合弓纲

蜥带龙科

兽孔目

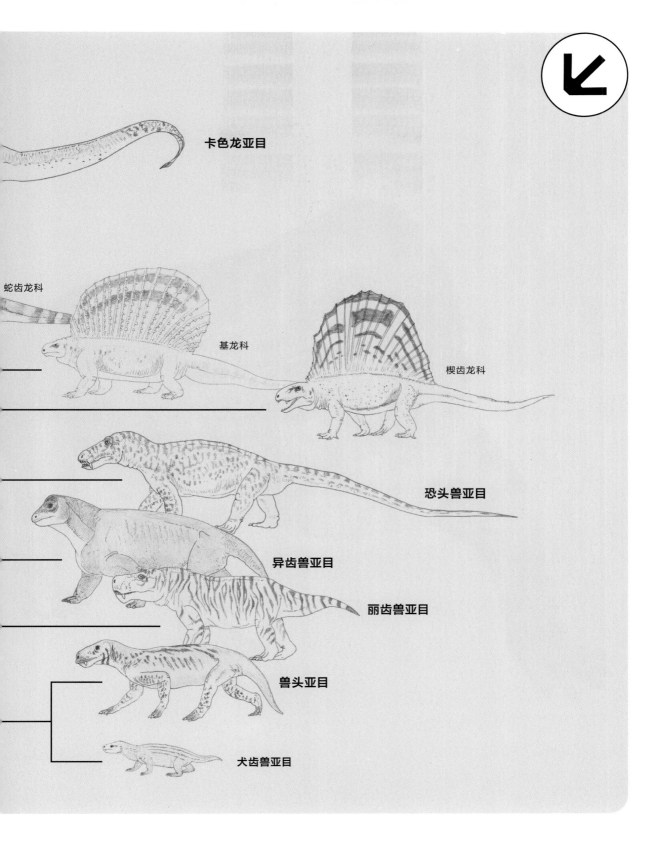

卡色龙亚目

蛇齿龙科

基龙科

楔齿龙科

恐头兽亚目

异齿兽亚目

丽齿兽亚目

兽头亚目

犬齿兽亚目

生命简史：从分子到人类

牙齿和四肢

　　最原始的合弓动物是盘龙——一种体型不大、重心很低，从头到尾看上去都很像蜥蜴的四足动物。只有当它张开嘴，露出哺乳动物特有的犬齿时，你才会意识到它不是爬行类。盘龙类是合弓动物的起点，随后在大约2.7亿年前演化出了兽孔类（therapsids）。兽孔类区别于爬行动物的典型特征之一是四肢与躯干的关节沿竖直而非水平方向从身体下方伸出。

　　在大灭绝（Great Dying）之后，兽孔动物与鸟类和鳄鱼一起，共同成为了主宰陆地的脊椎动物。兽孔类中最接近现今哺乳动物的是犬齿兽类（cynodonts），它们出现的时间大约在距今2.6亿年前。犬齿兽类的栖息地在大灭绝之前十分局限，但是在那之后迅速扩张。有些犬齿兽类仍旧是卵生动物，我们尚不能从化石中确定它们是否长着毛发。不过，它们的颅骨和下颌骨的确已经与现代哺乳动物非常相似了。

左图：

犬颌兽（Cynognathus），一种长着犬齿的兽孔类，成年个体身长约1米。

右图：

雷塞兽（Lycaenops）的大小似狼，它长着犬齿，走路的步态与今天的哺乳动物相近。

→ 酷似爬行类的哺乳动物

不是恐龙

这幅画展现了生活在距今2.8亿年前的异齿龙（*Dimetro-don*），这种背上长着一面帆的生物很容易让人误以为是某种恐龙。不过，异齿龙特化的牙齿、可观的脑容量以及中耳里的三块而非一块听小骨等颅骨特征都说明它不是一种爬行类生物。

下图：
背上长帆的异齿龙看上去很像恐龙，但它实际上是一种哺乳动物。

尖刀牙，远古猫

活跃于俄罗斯西部的化石猎手们在2018年发现了一种体型与狼相当的兽孔类动物*Gorynychus masyutinae*（无正式中文学名，暂译为"玛氏戈里尼奇兽"），锋利巨大的犬齿表明它是一种危险的掠食动物。科学家认为玛氏戈里尼奇兽出现在大灭绝发生的前夕，那时一些兽孔类的大型物种——比如戈里尼奇属的其他物种——登上了地球食物链的顶端。由于兽孔类动物的化石在非洲以外的地方非常罕见，所以玛氏戈里尼奇兽的化石对研究哺乳动物的进化历程具有非凡的价值。

下图：
牙如尖刀的史前掠食动物玛氏戈里尼奇兽。

距离哺乳动物一步之遥

晚期犬齿兽类的牙齿和骨骼化石相对常见，但是直到2018年，古生物学家才在美国犹他州雪松山的岩层里找到了一个完整的头骨化石。它属于一种学名为*Cifelliodon wahkarmoosuch*（无正式中文学名，暂译为"黄色奇费利兽"）的生物，大小如野兔，是一种较大的贼兽类（haramiyidan）动物。这类动物在生物系统发生上的定位一直存在争议，有时被划入哺乳动物，有时又被移出。最新的共识认为贼兽类不属于哺乳动物，这让黄色奇费利兽以一步之差落选哺乳纲。

左图：
黄色奇费利兽究竟是不是哺乳动物，依然争论不休。

对页图：
美洲狮颅骨上的犬齿。

犬牙

　　"犬齿类"的英文单词"cynodont"，其字面意思是"狗的牙齿"，"犬齿"是指现代哺乳动物用于咬穿和撕碎猎物的特征性尖牙，偶尔在植食性的哺乳动物中也能看到它的存在。哺乳动物的牙齿有了形态和功能的分化，除了犬齿外，还有切齿和臼齿，而这种特征甚至可以追溯到在哺乳动物谱系发生上最原始的合弓动物。

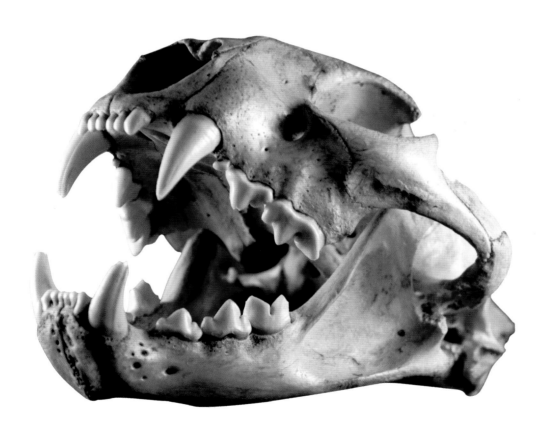

颅骨上的孔洞

颅骨两侧数量不一的颞窝是区分爬行动物与合弓类等早期类哺乳动物的重要依据。通常在每侧眼眶的后方，爬行动物的颅骨上只有一个颞窝，而合弓动物则有一对。多出的那个颞窝，作用极有可能是为咬合肌提供额外的附着位点。在随后的演化中，哺乳动物的咬合肌窝孔逐渐被骨骼填补，仅剩一些弓形的隆起作为肌肉的附着位点。

上图：
异齿兽的颅骨，可以看到它形态和功能特化的牙齿。

季风区

距今2亿年前，地球上只有一块陆地，科学家把这块超级大陆命名为"盘古大陆"。盘古大陆上没有两极的冰盖，也没有今天这么多的高山，所以陆生动物很少受到地形屏障的限制。即便如此，化石的分布显示犬齿兽类的栖息地却一直局限在热带地区。那里每年会有两次非常强烈的降雨，这似乎意味着它们对水的需求更高；相比之下，爬行类则更能在干燥的地方生存。

→ 早期的哺乳动物

侏罗纪的英雄母亲

2011年，中国古生物学家发现了一种刷新哺乳动物出现时间的新物种，他们将其命名为"*Juramaia sinensis*"，字面意思是"来自中国的侏罗纪母亲"，它的中文学名叫"中华侏罗兽"。中华侏罗兽生活在距今1.6亿年前，体型较小，浑身披毛，外形类似鼩鼱[1]。它比此前认定的最古老的哺乳动物还要早3500万年，这意味着哺乳动物在恐龙横行的侏罗纪时期就已经进化到了相当成熟的程度。科学家们非常渴望确定中华侏罗兽作为哺乳动物的类别——哺乳动物可以根据生育胎儿的方式分为两类（现存哺乳动物中不符合这两类的唯一例外是行卵生的单孔类，比如鸭嘴兽）：一类是以袋鼠和考拉为代表的有袋类动物，它们的后代在母亲分娩时尚未发育完成，所以有专门为胎儿准备的育儿袋；另一类是有胎盘的哺乳动物，它们会直接产下已经发育健全的幼崽。有的说法认为胎盘是哺乳动物进化到更高阶才有的产物，但是即使原始如中华侏罗兽，也已经具备了许多胎盘哺乳动物的特征：中华侏罗兽的爪子和牙齿与胎盘哺乳动物非常相似。不过，科学家并不能百分之百断定它是否有育儿袋，因为以软组织为主的育儿袋往往无法以化石的形式被保存下来。

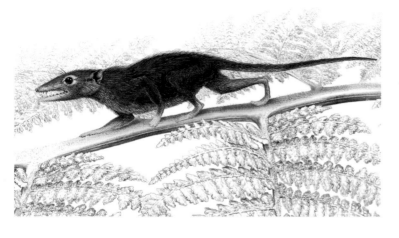

译者注：

1. 鼩鼱（qú jīng）：外形像老鼠，但吻部细而尖。

左图：
中华侏罗兽是目前已知的、最古老的胎盘哺乳动物的祖先。

对页图：
正在捕食恐龙的爬兽。

把恐龙当晚餐

　　距今1.3亿年前，哺乳动物和恐龙是平起平坐的捕食者。有的哺乳动物不仅跟恐龙争抢食物，它们还把恐龙当成美餐。爬兽（*Repenomamus*）是一种体型如獾的哺乳动物，它们会捕食鹦鹉嘴龙。科学家之所以会这么推测，是因为他们曾在这些生物化石的胃里发现了恐龙的断肢和残骸。

齐格（Ziggy）的牙齿

由于牙齿的分解需要很长时间，所以它们经常成为一种生物曾经存在过的唯一线索，这是古生物学家在发掘化石时面临的普遍情况。2018年，巴西古生物学家发现了第一种与恐龙生活在同一时代的巴西哺乳动物的化石。虽说是发现了新物种，但古生物学家找到的其实只有一颗牙齿——他们将其命名为 *Brasilestes stardusti*（暂无中文学名）。种加词"stardusti"取自摇滚歌星大卫·鲍伊（David Bowie）一张专辑里的主角——齐格·星尘（Ziggy Stardust）[1]。这颗已有8000万年历史的牙齿属于某种兽亚纲（Theria）的生物。兽亚纲很可能是一类胎生而非卵生的动物。

译者注：
1. 大卫·鲍伊的概念专辑中的主角，是身份不明的外星生物。

对页图：
游走鲸也被称作"陆行鲸"。

陆行鲸

　　人类的祖先大约在4亿年前从大海登陆。"浪子"自从离开了海洋母亲，再无回头。不过，并不是所有哺乳动物都在进军陆地的过程中一往无前，中途折返、回到大海怀抱的情况也曾发生过，比如鲸类的祖先。1992年，科学家发现了生活在距今4900万年前的游走鲸（*Ambulocetus natans*）化石，填补了鲸类从陆地返回海洋时理应存在的过渡物种的空缺。游走鲸是一种能够同时在陆地行走和在海洋中游泳的鲸类，它的外形极有可能是鳄鱼和水獭的结合。

颌关节

　　爬行动物的下颌是由数块骨骼组成的；哺乳动物则不同，在出现的早期，哺乳动物下颌的骨骼就融为一体，进化出了一块单独的下颌骨。不仅如此，那些原本位于颌骨后端而未参与下颌骨融合的骨骼逐渐变小、后移，进入了耳内，成了哺乳动物中耳结构的一部分——听小骨。颌骨与听骨的分离最终导致颅腔体积的变大，这个特点在吴氏巨颅兽（*Hadrocodium wui*）的化石里尤为明显——它是一种生活在1.95亿年前的鼠型犬齿兽类动物，很可能是后世绝大多数哺乳类动物的祖先。

乳腺

哺乳动物的英文"mammal"，词源是"mammary glands"（乳腺）。所有种类的雌性哺乳动物都会分泌乳汁，并用乳汁喂养幼崽，甚至连蝙蝠和海豚也不例外。科学家认为早期的乳腺可能更像汗腺（汗腺与毛发密切相关），但是因为缺乏有力的化石证据，所以这种观点难以被证实。相对原始的哺乳动物如鸭嘴兽，雌性身上只有"泌乳孔"而没有乳头，前者可能就是乳腺的原始形态。

下图：
生活在印度洋-太平洋地区的一种瓶鼻海豚（物种学名 *Tursiops aduncus*，东方宽吻海豚），母亲正在给幼崽喂奶。

侏罗纪的森林

　　整个三叠纪和侏罗纪，盘古大陆经历了从一到多的分裂过程，逐渐形成了我们今天所知的大陆。新的大洋以及新的山脉造就了比从前更多样的栖息地和气候。在后来变成亚洲的大陆上，茂密的丛林为一些体型如松鼠、会在树间滑翔的哺乳动物提供了庇护。同一时期，树木也是翼龙和有羽恐龙的歇脚地，而后者最终演化成了现代的鸟类。

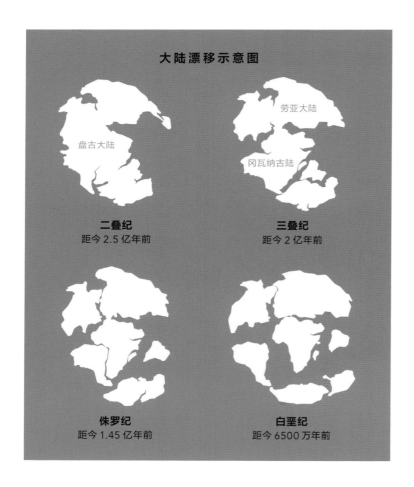

大陆漂移示意图

劳亚大陆

冈瓦纳古陆

盘古大陆

二叠纪
距今 2.5 亿年前

三叠纪
距今 2 亿年前

侏罗纪
距今 1.45 亿年前

白垩纪
距今 6500 万年前

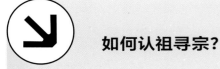

如何认祖寻宗？

　　过去几个世纪以来，古生物学家们一直和岩石打着交道。他们搜集动物、植物和微生物的化石，对它们进行仔细的检查，然后分门别类，以期还原地球生命的演化历史。研究哺乳动物的进化很大程度上要依靠对化石所在岩层的年代鉴定，只有这样才能对每块化石按照时间排序。当化石的数量积累到一定程度后，才能对不同物种的解剖学结构进行比对。跨物种的解剖结构对比是哺乳动物演化最主要的推动力。岩层的年龄可以通过放射性鉴定年代法获得精确的数据。这种技术的原理是根据岩层中放射性同位素（比如碳-14）的衰变程度反推岩层的形成年代。

　　分子生物学是近年出现的新手段，分子生物学家正在尝试研究现存哺乳动物的DNA，依据遗传物质的种间差异倒推不同物种的演化历程。这种手段的理论依据是，在很长的时间跨度上，遗传物质变异的速率可以被视为一个相对稳定的常数。换句话说，DNA就像一个记录演化时间的"分子时钟"，物种在进化上分道扬镳的时间越早，DNA之间的差异就相对越大。分子生物学的结论有时出人意料，如科学家认为大象来自有蹄类动物一支古老的分支，现代有蹄类的代表如马、骆驼和长颈鹿；而相比会滑翔的狐猴，蝙蝠与牛的亲缘关系更近。

10

地球塑造的↓人类

我们生活的这颗星球蕴含着巨大的力量，它主导着我们的进化，决定着我们的前途和命运。

今天的人类已经迈入全球工业化的时代，我们热衷于开采石化和其他自然能源，这种发展形式正在以不可阻挡之势影响我们居住的星球。人类已然成为影响地球环境的最主要力量，因此许多科学家一直呼吁，应当为当前的地质学世代选用一个新的名称：人类世（Anthropocene），也就是"当前这个由人类主导的纪元"。

不过，人类能够翻身主导地球的命运是近几百年才有的新鲜事，而地球对人类的影响可谓经久而深远。接下来，我们将一起探讨地球作为人类造物主和塑造者的故事：从人类最初凭

生命简史：从分子到人类

借高超的智力在猿类中脱颖而出，到凭借各种天时地利走遍全世界。地球不仅深深地影响了我们本身的生物学属性，而且通过塑造各种与人类息息相关的动植物，间接推动了农业的诞生和文明的萌芽。

人类是如何进化的？

智人（*Homo sapiens*），也就是我们，是以高智力见长的独特物种。诚然，放眼整个动物界，能够解决问题、使用工具或是具备相当交流能力的物种并不罕见，章鱼、海豚和乌鸦都是很好的例子。但它们通常只是精通其中一项的偏才，无法与面面俱到的人类相提并论。从类人猿到智人的整个物种分支——分类学上把所有类人猿和智人划分为人族[1]（hominins）——已经经历了数百万年的进化，在此期间，人族生物的脑容量变得越来越大，使用的工具也变得越来越精致、复杂。

人族在大约700万年前分化出了人属和黑猩猩属。人属以双腿行走和长距离奔跑见长，这种运动方式影响了人属动物的骨架结构，使其发生了适应性的改变，包括脊柱的S形弯曲和盆骨的碗状外形。不仅如此，脑容量的增加和智力的提升让人属的物种能够制作和使用前所未有的复杂工具，并不断推陈出新，比如用石头磨成刀刃，后来又给它加上木制的把柄做成长矛。经过打磨的木棍和石块成了人造的尖牙和利爪，凭借它们，退可防御自卫，进可高效狩猎，而且比以往的徒手肉搏更安全。身体结构和生活方式的改变是相辅相成的：身体结构的演化让我们的祖先更擅长跑步，快速的奔跑则提高了团队的协作能力；再加上工具和火的使用让我们的祖先可以更高效地狩猎，获得更多的营养供给容量不断增大的大脑。反过来，大脑的进化使更错综复杂的社会组织结构成为可能，让人类能够解决更复杂的难题。而最重要的是，它们最终促进了语言的诞生。

译者注：
1.族是介于亚科和属之间的分类，人族中只有人属和黑猩猩属生存至今。

对页图：
位于东非大裂谷的纳库鲁湖（Lake Nakuru）是人类诞生的摇篮。

上述所有演化上的成就都发生在孕育人类的摇篮——东非。所有物种都在适应环境的同时接受环境对它们的塑造。由此说来，人类之所以能从猿类中脱颖而出，成为如此聪慧和多才多艺的物种，全是拜家乡东非所赐。那么具体是什么样的风土环境才成就了我们呢？

如果你仔细看看世界地图，就会发现地球的赤道上有一条宽阔的密林"腰带"，包括亚马孙、中非和东印度群岛的热带雨林。湿润的暖空气从热带升起，形成密集的降水后落回到上述雨林地带。热带的暖气流还会向更高纬度的地区移动，当到达南北纬30°附近的地区时，湿气形成降水，雨水落回地面。一轮完整的蒸发—降水循环完成后，空气又变得非常干燥。而南北纬30°正是地球两条沙漠带的所在之处：南半球的沙漠带上有南美洲的巴塔哥尼亚沙漠、非洲南部的卡拉哈里沙漠和澳大利亚的大沙沙漠；而几乎与之成镜像对称的是北半球的撒哈拉沙漠、阿拉伯半岛以及印度西北部的塔尔沙漠。

作为人类进化的摇篮，横跨赤道的东非理应同中非一样，雨水充沛、雨林密布。但是实际上，东非是非洲大地上一个常年干旱的小角落。干旱是驱动人类进化最基本的环境因素：有限的降水难以供养茂密的丛林，高大的乔木逐渐被低矮的草本植物取代，原本生活在树上的古猿被迫下到地面，以双足行走并在稀树草原上过起了狩猎的生活。

造就东非独特气候环境的因素中有多种与地质活动相关，其中之一是东非的地壳下有一个巨大的岩浆库，升腾的岩浆把地表拱起，活像大地上鼓出了一个包。因为巨大的压力，地面最终裂开，形成了一个巨型的"Y"字形裂痕。组成"Y"字的三条裂痕分别是北边的红海，东边的亚丁湾，还有一条向南延伸、长达数千千米的地表裂痕——东非大裂谷。我们可以从东非大裂谷的外形上清晰地看到地裂留下的痕迹：低洼宽阔的峡

对页上图：
特利斯皮里斯河是巴西亚马孙雨林里一条长 1370 千米的河流。

对页下图：
撒哈拉沙漠中的沙丘和岩山，此处位于阿尔及利亚境内。

10 地球塑造的人类

谷两侧紧贴着绵延高大的山脉，似乎曾有某种巨大的力量从地下喷涌而出，撑破了地球的皮肤。

智慧的灵光初现

裂谷两侧的山脉阻挡了湿润的海洋气流，造成整个东非地区的干旱。地质活动和局部气候的变迁让原本丛林茂密的东非平原逐渐变成了崎岖荒芜的峡谷，人类祖先生活的舞台也从原先《丛林之书》般的密林变成了《狮子王》里的草原。不仅对气候有影响，东非大裂谷独特的地形还直接导致智力这种生物学特质在人族中的出现和进化。

峡谷两侧的山脉起到了收集雨水的作用：雨水会顺着山势流入炎热、干燥的峡谷中。所以峡谷中河川的水位对当地气候的波动极其敏感，后者直接影响到水汽蒸发和降雨的平衡。地球围绕太阳公转时，地轴的倾斜角或者黄道面与赤道面的夹角等都有一定的变化周期，这种在宇宙层面上能够影响太阳直射点继而影响地球气候的循环周期被称为"米兰科维奇周期"（Milankovitch cycles）——东非大裂谷中河川的周期性涨涸自然也受此影响。河川水位的高低直接决定了裂谷中植被和猎物的数量，频繁变迁的环境和生存的压力倒逼人族的物种进化出了更大的脑容量、更高的智力和更多的技艺。如此说来，经历着东非剧烈频繁的地质活动加上地球自转和公转倾斜角的周期性变化，人类在天与地的双重试炼之下横空出世。

驯服野兽

培植作物的农业不是支撑人类文明的唯一基石。在过去几千年的历史中，驯化动物对人类社会的帮助同样重要而关键。驯化野兽的时间其实比人类定居的历史更长，早在村落出现之前的数万年，当时还在冰原上过着狩猎生活的人类就驯化了第一种动物——狼。

　　相比狩猎野生的兽群，饲养家畜不仅能为人类提供来源稳定的肉食和皮革，还可以源源不断地让人获得从前难以得到的新资源，比如兽奶和兽毛；驯化的牲畜还可以作为劳动力，运送货物或者供人骑乘。被人驯化的大型动物全部属于有蹄类。在过去2000万年里，由于地球气温的持续降低，加上气候趋于干燥，草原的扩张极大促进了植食性的有蹄类动物在全世界的繁衍，它们逐渐进化出了不同的形态和种类。

　　世界上第一种有蹄目动物可以追溯到地球气候骤变的5550万年前。在被科学家称为"古新世—始新世极热事件"（Palaeocene-Eocene Thermal Maximum, PETM）中，大量温室气体进入大气，导致全球平均气温突然飙升了8摄氏度。

人类的迁徙

　　东非可能是人类的摇篮，但是它没有成为我们唯一的归宿。人类的祖先先后踏足了地球上的每一块大陆（除了冰天雪地的南极洲），最终成为在地理上分布最广泛的物种。

　　2018年1月，科学家宣布，根据一块此前于2002年在以色列迦密山的米斯利亚洞穴（Misliya cave）内出土的下颌骨化石，他们认为智人走出非洲的时间可以刷新到18.5万年前——比从前的数据提早了8万年。这还只是骨骼化石的年代，米斯利亚洞穴里的工具比化石更古老：如果以工具的年代为准，那么智人大批离开非洲的时间甚至可能要提前到25万年前。不过根据与DNA相关的研究，所有生活在非洲以外的现代人类都是6万年前一批走出非洲的智人的后裔。而那些更早离开非洲的先驱们尽管勇气可嘉，但似乎全都以失败告终。

大 西 洋

早期人族的迁徙路径

　　绝大多数科学家都相信最早的人族起源于非洲。至于它们到底是什么时候开始向其他大陆迁徙的则众说纷纭。根据化石和其他的考古学证据，早在大约200万年前，成批的迁徙队伍就拉开了人族走出非洲的序幕。

　　这张地图里标注了数个曾经发现过古人化石的地方。当把它们放在一起时，我们可以大致拼凑出人族的迁徙路线。图中每个箭头代表的路线都只是推测，科学家们在诸多细节上依旧争论不休。

950 000年前

黑斯堡

1 200 000年前

欧 洲

1 800 000年前

德马

阿塔普埃尔卡山

迦密山

2 000 000

非 洲

2 000 000年前

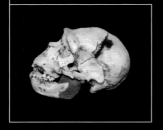

阿塔普埃尔卡山
西班牙

当地有两处化石发掘地，出土的化石介于120万到80万年前。这些化石中有的是先驱人（*Homo antecessor*），也有的属于匠人（*Homo ergaster*）的一个分支。

黑斯堡
英国诺福克郡

当地没有发现过人族的遗体化石，只有脚印化石，它们的主人可能是先驱人。倘若如此，先驱人可能是历史上最早抵达不列颠群岛的人族物种。

迦密山
以色列

根据这块下颌骨化石推断，大约18.5万年前就有智人走出了非洲并在其他大陆上定居了下来，如果以在同一个地点发现的工具为准，那这个时间还可以更早。

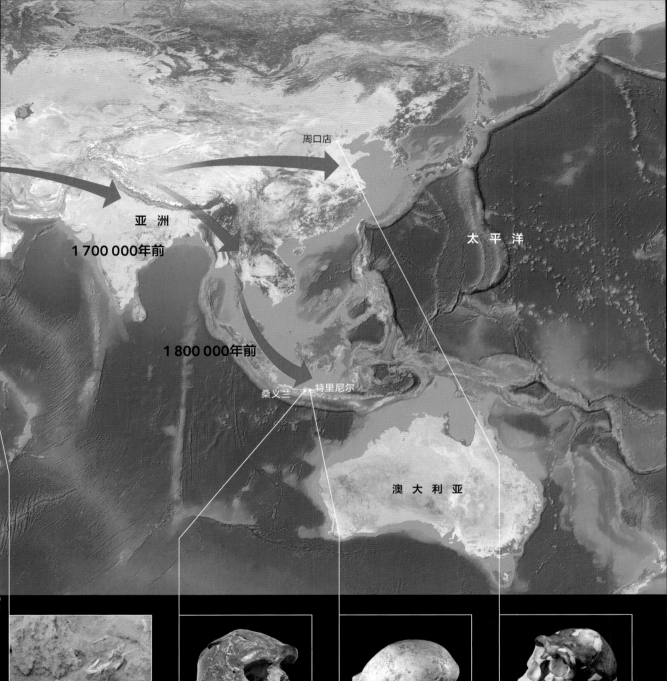

亚 洲

1 700 000年前

周口店

太 平 洋

1 800 000年前

桑义兰　特里尼尔

澳 大 利 亚

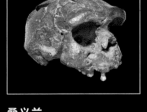

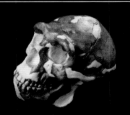

德马尼西
格鲁吉亚

当地发现的化石和物件可以追溯到距今 170 万年前。科学家们还在争论这些化石到底是属于直立人（*Homo erectus*），还是一种名为格鲁吉亚原人

桑义兰
印度尼西亚爪哇岛

1937 年，当地出土了一个直立人的头盖骨化石，它与在特里尼尔出土的另一个化石十分相似，两地之间相距约三小时的车程。

特里尼尔
印度尼西亚爪哇岛

这里也曾出土过一块直立人的化石。它的年龄是人们争论的热点——估计在距今 170 万到 100 万年前。

周口店
中国北京

这里曾出土过直立人的化石，年代约在距今 80 万到 40 万年之间。周口店人有一个俗名——"北京猿人"。

冰河世纪的寒潮

　　人类祖先离开非洲的经典路线是经由阿拉伯半岛进入广阔的欧亚大陆。那时的地球和现在非常不同——全世界都笼罩在冰河世纪的寒潮之下。在冰河世纪的鼎盛之时，一望无际的冰川自北而下，厚达4千米的冰层延伸到了西伯利亚以及欧洲和美洲的北部。除了从高纬度向低纬度，巨型冰川也从高海拔向低海拔地区侵袭，如阿尔卑斯山、安第斯山和喜马拉雅山，还有贯穿整个新西兰岛的山脉群。冰原除了造成不适于生物生存的极度严寒之外，还导致海洋蒸腾作用的降低，这让地球大气变得更加干燥。干冷的狂风卷着漫天的沙尘猛烈地扫过贫瘠的大地——冰河世纪的世界一派肃杀荒芜的景象。

　　在赤道上，米兰科维奇循环造成了东非地区周期性的干湿交替；而在全球范围内，天体运行的周而复始造就了更高层面

上的大气候循环，地球地质史上反复出现的冰河世纪正是对此的体现。

在过去260万年的时间里，地球一共经历了40~50次冰河期，以距今最近一次冰期的结束为标志，人类文明正式崛起。冰期是非常有意思的气候现象，它在整个地球史上占的比重其实并不大：从诞生至今，地球的南北极在大约80%的时间里都没有冰川覆盖。今天的我们其实正生活在一个异常凉爽的地质时期。在过去的5500万年里，地球正慢慢地变得越来越冷：先是南极大陆上出现了大范围的冰川，而后是格陵兰岛，最终在大约260万年前，北极点附近的广阔海域开始冻结。

喜马拉雅山脉的形成是导致几千万年来地球气温不断下降的主要原因之一。根据板块学说，喜马拉雅山脉的成因是印度板块插入欧亚板块下方所引起的造山运动，而在山脉和高原拔地而起的同时，裸露在大气中的岩石发生了强烈的风化作用。山川风蚀需要消耗大量二氧化碳，后者本是一种导致气温上升的温室气体。北极点的海域冻结是地球进入第四纪（Quaternary）——最年轻的地质年代——的标志。第四纪的地球气候变得前所未有的不稳定，它在冰期和相对温暖的间冰期[1]之间不停地摇摆。距今最近的一次冰期开始于大约11.7万年前。

在人类祖先走出温暖的非洲时，寒冷的气候可能曾给那些向北进军的先驱者造成了不小的困难。不过，最近那次冰期对人类来说是祸也是福，挑战之中暗含机遇。

大陆之桥

广袤的冰原和数量惊人的冰川锁住了巨量的水，最多的时候曾使全球海平面下降了将近120米。在一些大陆的边缘，原本位于水面以下的大陆架露了出来。这让人类的祖先们只需步

译者注：
1. 大冰期之间相对温暖的时期。

下图：
喀喇昆仑山脉巴基斯坦境内的乔戈朗玛冰川。

行就可以穿越东印度，再从新几内亚徒步进入澳大利亚。但是在人类历史上，所有在冰河期内开放的水下通道中最重要的一条当属连接西伯利亚和阿拉斯加的白令陆桥。

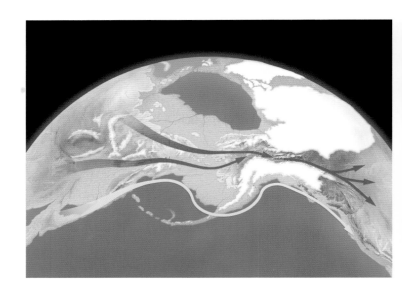

在此之前，早先的人族已经成功穿越欧亚大陆，有的甚至到达了中国，但是直到大约20 000年前，人类的祖先才穿越白令海峡，第一次到达了美洲大陆。向欧洲和亚洲迁徙的人类祖先分别与智人的近亲物种尼安德特人（Neanderthals）以及丹尼索瓦人（Denisovans）结合，产生了混血的后代；而美洲的情况则不同，人族首次从亚洲到达美洲时，那里还没有任何近亲物种。在白令陆桥的前方，等待人类祖先的是一个此前从未有人涉足过的新世界。不久之后，冰雪消融，海平面升高，世界又重新回到了东西半球互不相通的隔绝状态。

可见，东非剧烈而频繁的地质活动，加上受天文现象影响的气候波动，两者共同塑造了人类这种独一无二的智慧物种；而在最近一次冰期中出现的大陆桥，又让人类的祖先能够用徒步的方式抵达并定居在各个大陆。

在最后一次冰期结束后，最近的间冰期始于大约11 500年前，这也是人类的祖先在走出非洲后经历的第一个间冰期。间冰期开始数千年后，全世界各地的人类开始驯化野生动植物，将其作为牲口和作物，这就是现代农业的雏形。后来发生的事你可能就很熟悉了：凭借社会这种组织形式和文明的开化，世界上出现了人口规模越来越大的城镇乃至城市。我们不再单纯地以"生物进化"的眼光看待此后发生的事，而是称其为人类社会的"历史"。

上图：
人族徒步穿过白令陆桥轨迹示意图。

食谱的起源

为什么大多数人每天早晨都会吃麦片或者吐司片呢？这个看似无聊的问题，其实与人类的农业有颇深的渊源。

谷物在人类社会扮演的角色不仅仅是填饱肚子的主食，它可以说是人类文明进程的重要支柱——尤其是小麦、水稻和玉米，还有大麦、黑麦、高粱和燕麦，所有这些作物都是草本植物。在长达数千年的时间里，人类都曾靠采食这样的草本植物为生。今天的你是不是很难想象人类也曾在草场上吃草，和牧场上的奶牛和绵羊没什么两样？曾几何时，那就是我们祖先生活的常态。

我们之所以会选择上面那些作物作为主食、进行农业培植，是因为草本植物生长迅速，而且会将获得的几乎所有太阳能储存在它们富含营养的谷粒（种子）中；反观木本植物，它们会把相当一部分能量用于树干的生长。这种特点是草本植物经过自然选择后的生存策略之一，因为它们往往需要以最快的速度抢占被野火烧过的林地，或是在相对干燥的环境里快速生长。

由于全球气温在过去5500万年里的持续下降，地球趋于干燥，这反而成了草原扩张的有利因素，连带着也促进了以草本植物为食的有蹄类动物的繁荣。那么回到我们开头的问题，所以也可以这么说，我们的早餐是由我们的农业决定的，而农业是人类文明顺应地球漫长变迁史的产物。换言之，我们的食谱是由地球母亲决定的。

11

人类的↓进化

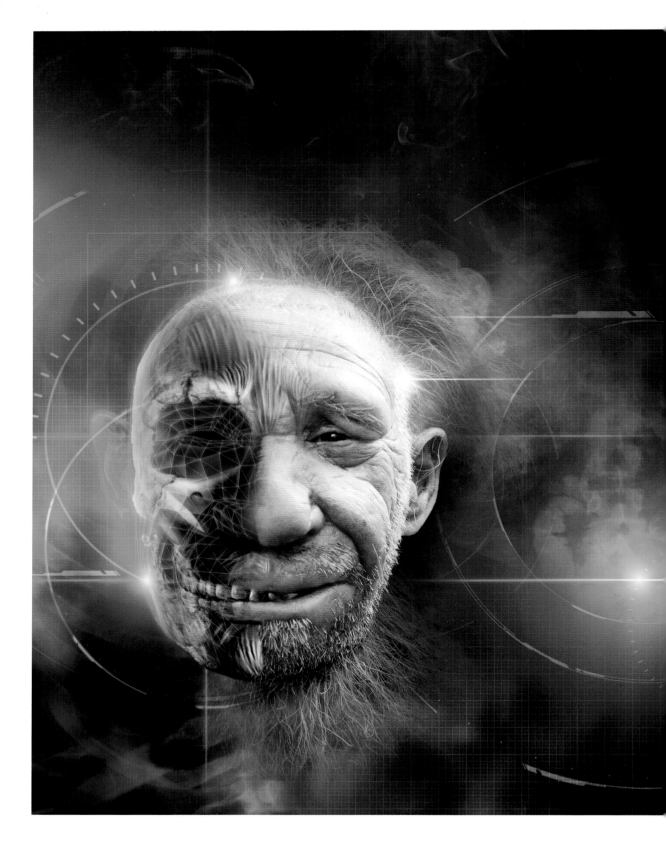

生命简史：从分子到人类

在第一块人类祖先的化石出土之前，为了研究人类的起源，解剖学家们采取的方式是将人类与人科现存的其他物种进行解剖学比较——因为它们与我们亲缘关系最近。但是这种方式能提供的信息十分有限。直到史前人类的化石出土，科学家才从它们身上得到了许多有关人类进化的珍贵信息。

在20世纪30年代前，科学家们一直相信更大的脑容量是让人类从猿类同胞中脱颖而出的制胜法宝。但是几十年以来，这个早期观点的不完善之处日益凸显，甚至已经是一种误解或谬误。人族（人科的一个进化分支，包括了人类和所有已经灭绝的人类近亲）化石的不断出土逐渐填补了人类进化轨迹上许多的关键空缺。迄今最古老的人族化石距今大约600万年，它们没有惊人的脑容量，但是无疑是靠双腿直立行走的。由此看来，聪明的脑子理应出现在人类学会双足行走之后。

人类独特的生理构造使其主宰了地球。这些特征让我们发明了语言，学会了使用工具，并且创造出了艺术。从手臂、脚踝到脚掌和牙齿，古人类学家希望能从解剖学的角度解释人类能够走到今天的原因。在接下去的篇幅里，我们将介绍几位在人类进化史上很有分量的成员，看看它们的化石各有什么值得探讨的东西。

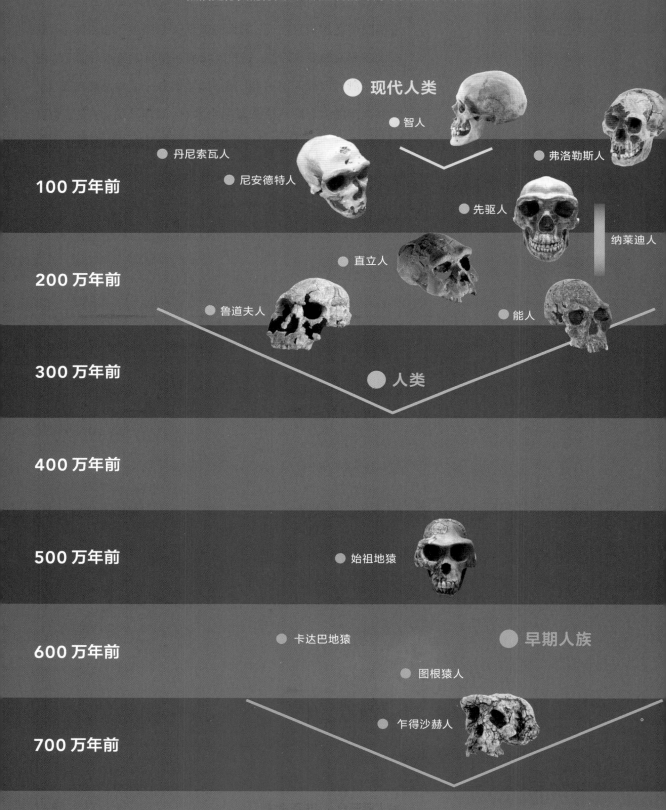

人族谱系图

人类的演化并不是遵循单一的路径，它更像是一棵枝繁叶茂的大树，从树干伸出分支，然后是分支的分叉。人族进化的时间跨度数百万年，地域涵盖多个大洲。

● 现代人类

● 智人

● 丹尼索瓦人

● 尼安德特人

● 弗洛勒斯人

100 万年前

● 先驱人

纳莱迪人

● 直立人

200 万年前

● 鲁道夫人

● 能人

300 万年前

● 人类

400 万年前

500 万年前

● 始祖地猿

● 卡达巴地猿

● 早期人族

600 万年前

● 图根猿人

● 乍得沙赫人

700 万年前

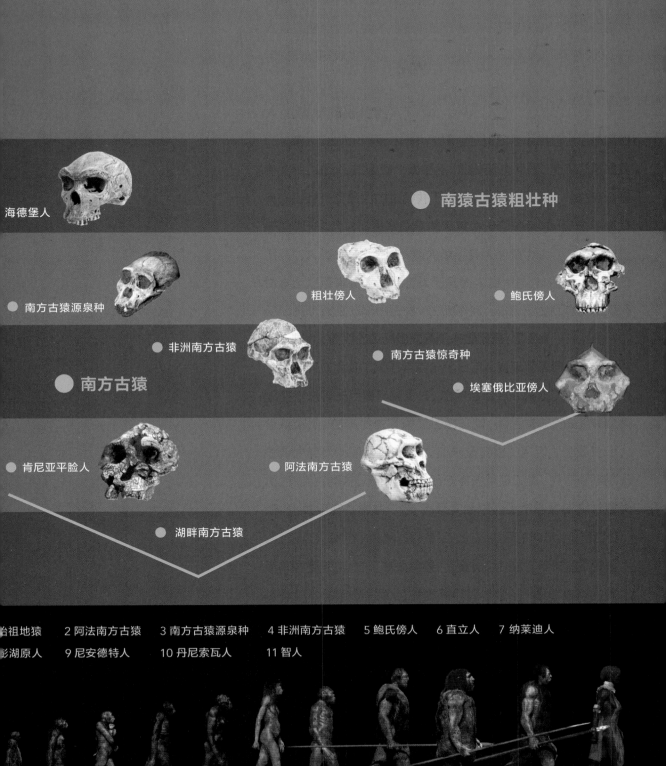

海德堡人

南方古猿源泉种

非洲南方古猿

南方古猿

肯尼亚平脸人

南猿古猿粗壮种

粗壮傍人

鲍氏傍人

南方古猿惊奇种

埃塞俄比亚傍人

阿法南方古猿

湖畔南方古猿

始祖地猿　　　2 阿法南方古猿　　　3 南方古猿源泉种　　　4 非洲南方古猿　　　5 鲍氏傍人　　　6 直立人　　　7 纳莱迪人

彭湖原人　　　9 尼安德特人　　　10 丹尼索瓦人　　　11 智人

阿法南方古猿
Australopithecus afarensis

昵称	露西种
年代	约 390 万 ~290 万年前
身高	1.5 米（雄性），1 米（雌性）
体重	40 千克（雄性），30 千克（雌性）

身高

2米

1.5米 雄性

1米 雌性

1

0

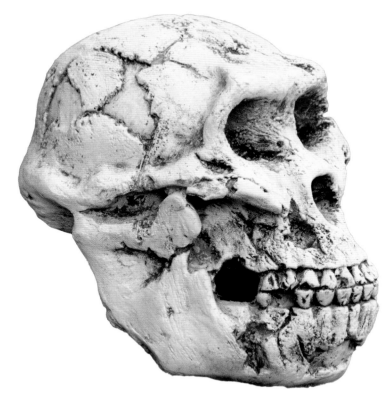

左图：
阿法南方古猿的脑容量不大，从它
的头骨化石来看，它的大脑比现代
猿类稍小一些。

头骨

脑容量约为450立方厘米，与现代的猿类相当。从前的理论认为脑容量的增加是人类进化的第一步，如今的科学家则认为古猿开始双足行走的时间要远早于脑容量的改变。至于人类的脑容量，它要在得到充沛的肉食摄入后才会开始明显增大。

手臂

阿法南方古猿的手臂相对下肢而言偏长。这种"手长腿短"的身材比例更接近于猿类，相较而言人类的身形则可以用"手短腿长"形容。

手掌

从弯曲颀长的手指可见阿法南方古猿的握力惊人，这很可能是因为它们有攀爬树枝的需要。倘若如此，那它们或许还是一种在树上采食、筑巢和躲避捕食者的树栖动物。阿法南方古猿的拇指较长，与剩下四指成对握位，这是它们与人类最重要的相似之处。

髋部

阿法南方古猿的髋骨上下径短、左右径宽、呈碗状，这是双足行走的动物的典型特征，与上下径高、左右径窄且向前倾的猿类髋骨有明显的区别。粗短的碗状髋骨有利于承受和分摊来自上半身的重量，它也是臀部有强壮肌肉群附着的体现。事实上，阿法南方古猿的髋部甚至比人类的还要宽，过宽的髋骨可能会反过来影响它们双腿行走的平衡。

膝盖

露西第一块被发现的骨骼化石恰好是她的膝关节。因为宽阔的髋部，露西的两个髋关节（双腿与躯干在髋部的连接处）分得很开，但是膝关节（大腿与小腿的连接处）却相互并拢。这种和现代人类相似的腿部结构可以让行走时的重心保持在身体正中线。反观猿类，因为膝盖外撇，它们在用后腿直立行走时只能通过大幅地左右摇摆整个身体来维持平衡，这是一种相对低效的步行方式：耗能更多，速度更慢。

脚掌

在火山灰下埋藏了360万年的脚印化石清晰地显示了人类以双足行走的姿态。但是阿法南方古猿的脚掌则兼有人类和猿类的特征：它们的大拇趾与其余四个脚趾排成一线，足底有拱形的足弓，这些是人类脚掌的特征；同时，它们的脚趾长而弯曲，能够抓握，这又是猿类的特征。

阿法南方古猿
Australopithecus afarensis

科学家迄今已经在东非发掘出了超过400件阿法南方古猿的骨骼化石,其中一件尤其知名。1974年,唐纳德·约翰逊(Donald Johanson)在埃塞俄比亚的哈达地区发现了一具雌性阿法南方古猿的化石,他和他的团队在庆祝这个大发现时,营地里不断循环播放着披头士乐队的歌曲《露西在缀满钻石的天空》(*Lucy in the Sky with Diamonds*)。后来,"露西"就成了这具化石的名字,她可能是最家喻户晓的阿法南方古猿。

阿法南方古猿存在的时间为距今390万~290万年前,它们和现代猿类有许多相似的地方。弯曲的手指和脚趾、比人类更灵活的肩膀以及更长的手臂。这些生理特征都暗示它们是一种树栖物种,会在树上筑巢、靠爬树躲避捕食者、从树上采食果实和坚果作为食物。阿法南方古猿的脑容量仅相当于现代人类的三分之一,所以想必不需要太多的发育时间。如果真是这样,那么阿法南方古猿幼崽的生长发育速度应该与猿类相当,它们在个体发育成熟之前并不需要学习太多东西,而现代人类则不然。雄性阿法南方古猿的个头比雌性大得多。另外,它们很可能以家庭为单位,过着规模不大的群居生活。

尽管身上还有不少猿类的特征,阿法南方古猿仍然被认为是一种早期的人族物种。这样分类的依据是它们演化出了某些人类独有的特征,包括退化的犬齿,还有颅骨下方一个孔洞的位置——颅骨下方容纳脊髓通过的孔洞被称作"枕骨大孔",阿法南方古猿的枕骨大孔更靠近颅骨底。这个细微的差别说明

上图:
我们通过研究脚印化石得知,阿法南方古猿走路的姿势与人类的非常相近。

它们的脑袋更像是被"顶"在身体上方，而不是如猿类那样被"架"在脖子前方。

最引人注目的是，阿法南方古猿的骨架上有许多为适应双足行走才会有的特征：髋骨粗短，像一个碗，以便承载上半身的重量；与此同时，两腿向内并拢，让膝盖和脚掌位于同一竖直线上。这些都是人类为了能用双腿行走而进化出的特征。对早期的人族成员来说，能用双腿行走意味着可以跋涉更远的距离，而更远的距离又意味着更有可能找到食物。这种能在东非大地上长距离迁徙的能力让我们的祖先得以相对从容地应对环境中的挑战。它们的足迹遍布整个东非地区，从雨林到开阔的林地，无所不及。

黑猩猩是现今与我们亲缘关系最近的动物，它们也会以双腿站立。如果一种生物总是以双腿行走的方式从地点A迁徙到地点B，长此以往，这种运动方式必然会因为自然选择，最终导致该物种在解剖学上发生适应性的改变。露西的骨骼就属于这种情况，所以她看起来才和我们这么像。除了解剖学之外，脚印也是证明阿法南方古猿会用双腿行走的证据，例如出土于坦桑尼亚的莱托里脚印化石（Laetoli footprints）。利物浦大学的罗宾·康普顿（Robin Cromptom）教授一直在研究露西种南方古猿的步态，寻找它们的脚掌在地面上留下脚印时的细节，再将其与人类和黑猩猩的步态进行比较。值得一提的是，脚底的不同部位在着地时对地面产生的压力也不同。如果你曾经留意过，就知道这是因为在行走中，脚掌的各个位置着地的时间不同：首先着地的是脚跟，然后是脚掌，最后是脚趾。而罗宾在研究露西的脚印时发现，她的走路方式和我们的非常类似。

直立人
Homo erectus

昵称	直立行走的人
年代	约 190 万 ~20 万年前
身高	1.45~1.85 米
体重	40~68 千克

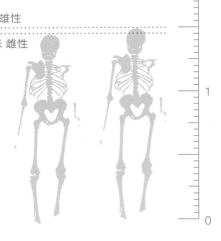

身高

2米

1.5米 雄性

1.45米 雌性

1

0

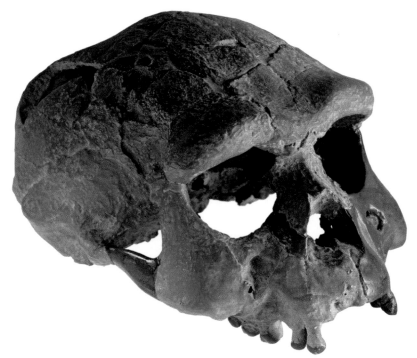

左图：
这个直立人的头骨化石出土于印度
尼西亚爪哇岛的桑义兰，由此可见
直立人在全世界的分布之广。

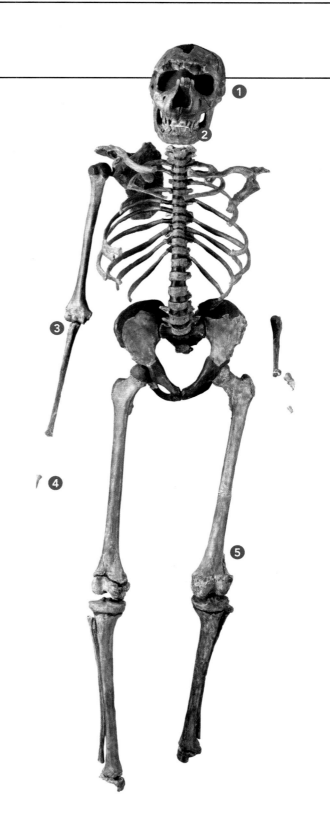

1 头骨

脑容量约为850立方厘米，这个大小介于人类和猿类之间。直立人的脑容量一直维持在这个水平，直到它们开始狩猎并大量摄取肉食。肉食为脑容量的增大提供了足够的营养。

2 牙齿

树木有年轮，人的牙釉质上也有一种与年龄相关的横纹。在显微镜下，可以看到牙釉质表面的生长线，通过计数这种生长线的数量，就可以知道一个人的年龄。世界上最完整的直立人化石名叫图尔卡纳男孩（Turkana Boy），根据他牙齿上的生长线，科学家发现他死去的时候只有9岁。不过，他的身体几乎已经发育完全了。

3 手臂

图尔卡纳男孩的骨架显示，人类的祖先在大约150万年前就有了"手短腿长"的身材比例。这意味着直立人很可能离开了树木，成了地面上的定居物种。

4 手掌

虽然直立人的手掌化石非常罕见，但是科学家们相信它们的手掌与我们的很像。原因是直立人会用石头制造工具，比如倒三角形的手斧。它们会用各式各样的工具狩猎、拾荒，或者处理植物。

5 腿

直立人是目前已知的第一种像我们一样有长腿的人族物种。相比早期的人族物种，长腿让双足行走变得更省力，腿越长，迈的步子就越大，行走所需的步数就越少。

直立人
Homo erectus

在人类的进化过程中，许多人族的物种在出现之后又很快消失，如昙花一现。也有一些例外的情况，比如直立人——一种成功在地球上存在了很久的人族物种，它们生活在大约190万到20万年前。

图尔卡纳男孩是最著名的直立人化石，1994年出土于肯尼亚。这具几乎完整的骨架化石展示了直立人的身体构造：它们的躯干与现代人的几乎无异，但是脑容量要再过一百万年才能达到与我们相同的水平。与猿类不同，直立人可以一直保持正直站立的姿势，这也是它们名字的来源。

直立人的身体结构以及在化石发掘现场同时出土的工具都显示，它们过着真正意义上的狩猎和采集生活，这是更早的人族物种所没有的。直立人的生理构造高度适应长距离的行走和奔跑。生物学家丹尼斯·布兰布尔（Dennis Bramble）和人类学家丹·利伯曼（Dan Lieberman）认为，直立人的生理特征赋予了它们围猎大型哺乳动物的能力。

由于没有弓箭之类的投射武器，直立人更有可能是一群坚持不懈的猎人：他们会一直追踪并尾随，直到猎物精疲力竭，再用相当简单而原始的武器将其杀死。狩猎动物的回报是充足的肉食，高营养的饮食是大脑进化的必要前提。

左图:
直立人能快速奔跑，这让他们有了捕猎大型哺乳动物的资本。

和阿法南方古猿一样，直立人发育成熟所需的时间还是比现代人类要短，因此幼崽需要学习的东西自然也不如我们多。但是这不影响他们成为一个成功的物种，因为他们会以家庭为单位组成小的群体，成员之间合作互利；不仅如此，直立人甚至可能已经有了粗糙的语言，用于同类之间的交流。此外还有化石证据显示，直立人可能会照料衰老和伤病的成员。

直立人学会的新本领——狩猎、采集、使用工具和火——让他们能在许多环境里繁衍生息。正因为如此，直立人的种群不仅曾遍布非洲大陆，它们也是最早走出非洲大陆的人族物种。

在更新世，往日繁荣的东非地区好景不再，生态环境日渐凋敝。在大约150万年前，当地的森林面积萎缩，而草原的范围大幅扩张。直立人似乎顺应了这种环境变迁。有一种说法认为，稀树草原上的生活至少不需要顾虑保暖的问题。与我们的近亲黑猩猩相比，人类几乎没有毛发。光秃秃的体表几乎完全裸露，没有毛发也就不会吸汗，这非常适合我们发汗散热。很难确定到底从什么时候开始人类失去了体毛，但是在稀树草原上生活的岁月可能是一个合情合理的契机。罗宾·康普顿教授曾做过一个实验，让被试者赤裸上身或者披上毛衣，提高环境温度而后测量他们的体温，目的是比较两者散热的能力。实验的结果是，体毛对生活在草原上的人类祖先的确没有太大的用处。

先驱人
Homo antecessor

年 代	约 80 万年前
身 高	1.6~1.8 米
脑容量	大约 1000 立方厘米

先驱人长什么样？

到目前为止，他们的化石只在西班牙一处距今8万年的史前洞穴里被发现过。先驱人有一些其他史前人族物种所没有的特征。他们的体型与现代人类相仿，雄性的身高介于1.6米到1.8米之间，雌性稍矮一些。与我们相比，他们的身材更粗短，脑容量约为1000立方厘米——比现代人的平均脑容量小350立方厘米左右。先驱人的面容也和现代人相似：他们有明显的尖牙窝（脸颊两侧的凹陷），突出的眉骨和后倾的额头。

先驱人过着怎样的生活？

他们过着狩猎和采集的生活。先驱人的日常饮食里可能包含了大量的肉类，这些是他们狩猎或者拾荒的所得。他们会就地取材，制作一些相当简单的"奥尔德沃[1]"式石器，用于处理肉类、取食骨髓。先驱人的骨骼化石上偶尔可见割痕，这意味着他们可能有同类相食的行为。除了肉食之外，先驱人还会采集和食用一些植物和水果。他们过着四处游荡的生活，以洞穴作为狩猎途中的临时庇护所。

译者注：
1.Oldowan，东非旧石器时代的文明之一，以制作简单粗糙的石器为特征。

先驱人到过不列颠群岛的哪些地方？

英国的黑斯堡和诺福克都曾发现过人类的脚印化石，年代在距今85万年到95万年之间。这些脚印的主人很可能就是先驱人。倘若如此，那么他们就是第一种抵达不列颠群岛的人族物种。

先驱人的结局？

从发掘现场的动物遗骸来看，先驱人如日中天的时代气候温暖，但是他们的好日子在距今70万~65万年时一去不返。我们还不清楚先驱人到底是海德堡人还是尼安德特人的祖先，或者他们只是又一支走入进化死胡同的人族分支。

海德堡人
Homo heidelbergensis

年　代	约 60 万年前
身　高	1.55~1.75 米
脑容量	大约 1250 立方厘米

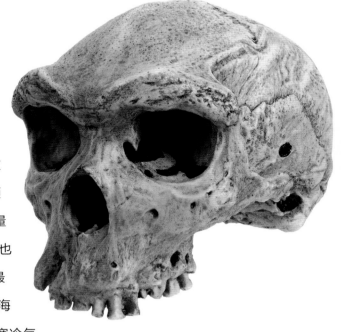

海德堡人长什么样？

海德堡人被认为是现代人类和尼安德特人的共同祖先，出现在大约60万年前。到了50万年前，他们的足迹已经遍布了非洲、南亚和欧洲。海德堡人身高体壮，突出的眉骨和倾斜的额头让人联想到先驱人的面容，不过他们的脑容量已经平均增加到了1250立方厘米，大脑的结构也更趋复杂。海德堡人是在不列颠群岛出土过的最古老的人类化石。根据英格兰博克斯格罗伍的海德堡人胫骨化石推测，相比后来出现的、更适应寒冷气候的尼安德特人，他们的身材要更高一些。

海德堡人过着怎样的生活？

英国的许多地方都发现了海德堡人从前使用过的大件石器：比如高洛奇[1]（High Lodge）、布兰登菲尔茨[2]（Brandon Fields）和韦弗利伍德[3]（Waverly Wood）地区等。海德堡人制作和使用的工具比先驱人的更多样，包括双刃手斧、砍刀和刮刀。海德堡人很有可能是出色的大型动物猎手，他们捕猎的

译者注：
1. 位于英格兰东南部的塞特福德森林（Thetford Forest）以南。
2. 位于英格兰塞特福德森林西部。
3. 位于英格兰考文垂南部。

对页图：
海德堡人善于制作各种工具。插图描绘了他们狩猎野牛的场景，地点在相当于现今西班牙的阿塔普埃尔卡山区。海德堡人总是成群出动，齐心协力捕猎大型动物。

对象包括河马、犀牛、熊、马和鹿。考虑到他们生活的地方比较冷，捕猎这些大型动物不仅是为了充饥，也应该是为了获得兽皮制作保暖的衣服。从现有的证据来看，海德堡人可能还会用鹿角、骨头和木头制作工具。

海德堡人的结局？

生活在不同地区的海德堡人在逐渐适应各自的环境后，演化出了明显的地区性差异。在非洲，海德堡人最终进化成了智人，也就是我们；而在欧洲，他们演化出了尼安德特人。某些海德堡人化石，如出土于英国的斯旺斯科姆人头骨（Swanscombe cranium），具有从海德堡人过渡到尼安德特人的中间特征。类似的化石在分类学上一直有争议。

尼安德特人
Homo neanderthalensis

昵称	尼人
年代	约 2 万 ~3 万年前
身高	1.55~1.7 米
体重	40~90 千克

身高

1.7米雄性
1.55米 雌性

2米

1

0

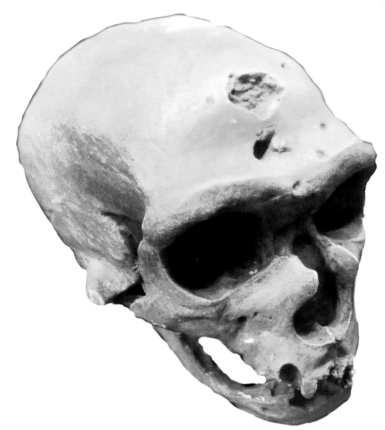

左图：
出土于法国拉沙佩勒欧圣的尼安德特人头骨。尼安德特人的大脑容量与现代人类相当。

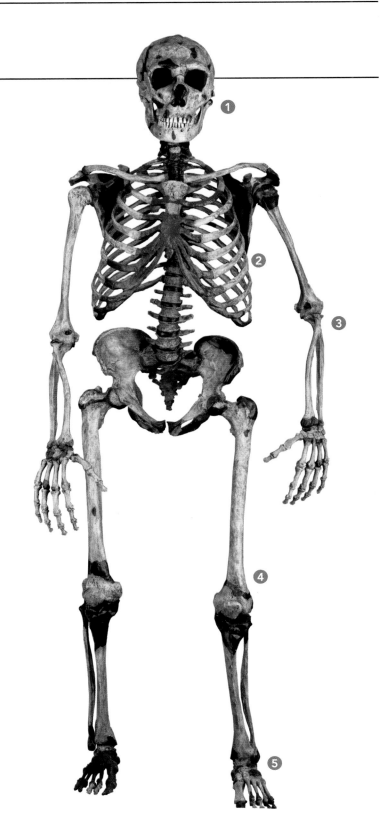

头骨

尼安德特人的脑容量与现代人相当——有的甚至比现代人还大。但是除了大小相近之外，头骨的外形依然很原始：眉骨突出，而下巴不明显。为了适应欧洲冰河期的寒冷气候，尼安德特人长了一个大鼻子，用来温暖和湿润吸入的空气。

胸腔

尼安德特人的胸腔比现代人更宽、更接近漏斗形。他们的身材比我们的粗短壮实。直到今天，生活在寒冷地区的人种为了减少热量的散失，身材也会偏粗短。只不过冰河时期的寒冷远甚于现在，而当时又没有羽绒服，所以抵御寒冷的生理特征在尼安德特人身上表现得尤其明显。

手臂

尼安德特人的上臂和手掌十分强壮。他们的肩膀和手臂非常适于投掷长矛。有清晰的证据显示，尼安德特人会狩猎大型动物，而且经常在狩猎过程中受伤。

腿

尼安德特人的小腿比现代人短，膝盖巨大，股骨（大腿骨）弯曲，这是他们过着狩猎和采集生活的侧面反映，因为粗壮的大腿非常适合长距离搬运沉重的物体。

脚踝

尼安德特人的脚踝与现代人的不同，不适合长距离奔跑。这可能是因为他们主要采取埋伏和近距离冲刺的狩猎策略，所以不怎么需要长途追踪猎物的能力。

尼安德特人
Homo neanderthalensis

第一件尼安德特人的化石于1829年出土于比利时，但是它一直没有被作为人类的早期祖先进行归类。直到1856年，考古学家在德国的尼安德特山谷发现了一具残骸的化石，这个物种在人类进化上的地位才引起了轰动。自那之后，又有数百件尼安德特人的化石出土，使之成为我们了解最透彻的一种早期人类。

尼安德特人生活在距今大约2万~3万年前的欧亚大陆上，他们的身体构造高度适应当时寒冷严酷的气候环境：粗壮敦实的躯干和较短的四肢，减小了体表的相对面积，有利于保暖和核心体温的维持。尼安德特人的鼻腔很大，很可能是为了温暖和湿润吸入体内的干冷空气，减少对肺部的刺激。

尼安德特人的智力水平可能与早期的智人相当，因为两者的脑容量很接近，有的尼安德特人甚至略胜一筹。但是他们的头骨还是保留了一些原始的特征，比如突出的眉骨、长而扁平的面颅。

尼安德特人和早期智人的生活方式也很相近：他们居住在洞穴里，还极有可能身着衣物。尼安德特人也是制作狩猎工具的一把好手，他们会捕猎猛犸象，还会采集水果、豆荚和坚果。至于文化

左图：
尼安德特人非常适应冰河时期的极寒气候。

方面，几乎可以肯定尼安德特人有自己的语言，此外，他们甚至有了埋葬同伴的行为——这是相当进步的文化现象，在其他已经灭绝的人族物种中都不曾出现过。

对比尼安德特人和现代人类的DNA，得到的结果令人振奋，也引人浮想。比如，现代人类的祖先在离开非洲进入西亚地区时，显然与尼安德特人发生了通婚——非裔以外的现代人类多少都有尼安德特人的基因，比例最高的达到了百分之三。

虽然尼安德特人的种群在冰河时期的欧洲大陆繁荣一时，但是现代智人的到来打破了他们的岁月静好。智人落户欧洲大陆后的1万年内，尼安德特人逐渐销声匿迹。

尼安德特人擅长投掷吗？答案就藏在他们的生理结构里。考古学家科林·肖（Colin Shaw）博士曾研究过经常做投掷运动的现代人，并将他们的骨骼形状与尼安德特人的进行了比较。为了研究尼安德特人是否擅长投掷这个问题，肖博士把注意力放在了尼安德特人肱骨（上臂骨）的横断面上。很多人对骨骼化石的第一印象会放在"石"上，很少有人会记得骨骼其实不是石头，而是活组织这个事实——你可以想想折断的骨头，它能够生长和自我修复。骨头是一种非常神奇的生物组织，一方面它坚如磐石，但是另一方面又终生具有可塑性——骨骼会不断依据受力情况适应性地重塑自身的结构——那么在尼安德特人的情况里，只要研究骨骼横断面的形态，就有可能从中得到与前臂日常运动有关的信息。如果你有机会仔细看看网球运动员安迪·穆雷（Andy Murray）的手臂，很可能会发现他惯用手的肱骨比非惯用手的要粗壮得多。

智人
Homo sapiens

出现时间	约 20 万年前
脑容量	约 1300 立方厘米

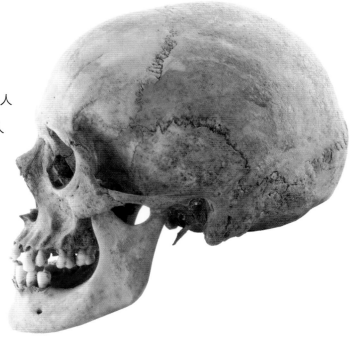

智人的祖先是谁？

今天，生活在地球上的所有人都属于智人种。现代人类起源于非洲，很可能是海德堡人的后裔，现代人相比人族其他物种的突出特征之一是轻巧的骨架结构。我们的脑容量很大，平均约有1300立方厘米。容纳大脑的颅骨变得更圆润，前额很高，眉骨较平。

智人曾过着怎样的生活？

早期的现代人类仍然过着狩猎和采集的生活，他们与其他人族近亲最重要的区别是极其旺盛的创造力。智人制造的工具越发复杂，功能越来越精良的同时，种类也越来越细分，比如专门用于打猎、捕鱼、裁缝和储存用的工具。现代人类依靠日益精进的手艺而能在各种各样的环境里安身立命，人类种群因此迅速散布到了世界各地。在过去的12000年里，有的人发现他们可以主动控制动植物的繁育和生长，于是把时间和精力投入到了食物的栽培和生产中，并借此而得以在一个地方定居下来。现代人类最独特的地方在于他们和同类以及环境之间的互动方式。更大的脑子让我们能修建自己的庇护所，建立和维系稳定的社交关系网。我们还创造了艺术、音乐、礼仪，以及抽象的精神世界。

上图：
智人的颅骨更圆润，头骨的前额很高，眉骨较平。

智人最早到达不列颠群岛的时间？

　　不列颠群岛在历史上的大部分时间里都与欧洲大陆直接相连，所以史前人类能从欧洲进入不列颠群岛也就不是什么稀奇事了。从古人类首次进入不列颠群岛算起，先后有许多不同的人族物种在漫长的岁月里通过各种途径踏上了不列颠群岛的土地，并在英格兰和威尔士的许多地方都留下了足迹。智人首次进入不列颠群岛的时间约在距今42 000年前。

通往欧洲的道路

海平面的升降以及冰川的进退让通向欧洲的陆桥时隐时现。

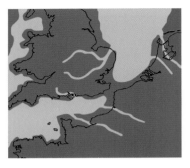

100 万年前

相对温暖的气候让先驱人能在欧洲北部定居下来。

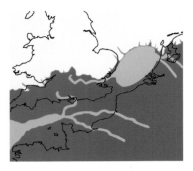

45 万年前

在一场极端严酷的寒潮期下，冰川侵袭了不列颠群岛的许多地区。

40 万年前

回暖的气候让早期的尼安德特人有机会在不列颠群岛定居了下来。

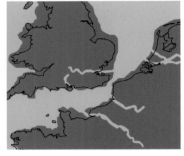

6 万年前

尼安德特人的种群兴旺，足迹遍布不列颠群岛。

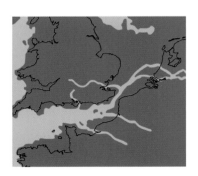

1.5 万年前

海平面依然很低，人类最后一次经由陆桥进入不列颠群岛。